青少年太空探索科普丛书（第3辑）

向月球南极进军

焦维新　著　　宁晓宏　绘

U0284061

白兔捣药秋复春，

嫦娥孤栖与谁邻。

—— 出自〔唐〕李白《把酒问月·故人贾淳令予问之》，
我国的月球探测计划命名为"嫦娥"。

知识产权出版社
全国百佳图书出版单位
——北京——

图书在版编目（CIP）数据

向月球南极进军 / 焦维新著；宁晓宏绘 . — 北京：知识产权出版社，2023.12

（青少年太空探索科普丛书 . 第 3 辑）

ISBN 978-7-5130-9034-6

Ⅰ . ①向… Ⅱ . ①焦… ②宁… Ⅲ . ①月球探索 – 青少年读物 Ⅳ . ① V1-49

中国国家版本馆 CIP 数据核字（2023）第 243207 号

内容简介

月球南极是一片令人向往的神秘区域，这里既有永久阴影区，也有光照时间很长的永昼区，具有非常重要的科学价值和经济价值。本书全面介绍了月球南极的主要特征和资源分布，人类探索月球南极的历程，未来探测的科学目标和所面临的技术挑战，以及有代表性的月球探测器。

项目总策划： 徐家春

责 任 编 辑： 刘晓庆   **执 行 编 辑：** 赵蔚然

版 式 设 计： 索晓青   熊 薇   **责 任 印 制：** 孙婷婷

青 少 年 太 空 探 索 科 普 丛 书（第 3 辑）

向月球南极进军 XIANG YUEQIU NANJI JINJUN

焦维新 著   宁晓宏 绘

出版发行： 知识产权出版社有限责任公司   **网 址：** http://www.ipph.cn

电 话： 010-82004826   http://www.laichushu.com

社 址： 北京市海淀区气象路 50 号院   **邮 编：** 100081

责编电话： 010-82000860 转 8573   **责编邮箱：** 823236309@qq.com

发行电话： 010-82000860 转 8101   **发行传真：** 010-82000893

印 刷： 北京中献拓方科技发展有限公司   **经 销：** 新华书店、各大网上书店

开 本： 787mm×1092mm   1/16   **印 张：** 11.75

版 次： 2023 年 12 月第 1 版   **印 次：** 2023 年 12 月第 1 次印刷

字 数： 139 千字   **定 价：** 69.80 元

ISBN 978-7-5130-9034-6

把科学精神写在祖国大地上

习近平总书记指出："科技创新、科学普及是实现创新发展的两翼，要把科学普及放在与科技创新同等重要的位置。没有全民科学素质普遍提高，就难以建立起宏大的高素质创新大军，难以实现科技成果快速转化。"党的十八大以来，党中央高度重视科技创新、科学普及和科学素质建设，全面谋划科技创新工作，有力推动科普工作长足发展，科普工作的基础性、全局性、战略性地位更加凸显，全民科学素质建设的保障功能更加彰显。

新时代新征程，科普工作要把培育科学精神贯穿培根铸魂、启智增慧全过程，使创新智慧充分释放、创新力量充分涌流，为推动我国加快建设科技强国、实现高水平科技自立自强提供强大的智力支持。

要讲好科学故事

党的十八大以来，党中央坚持把创新作为引领发展的第一动力，我国的科技事业实现历史性变革、取得历史性成就。中国空间站转入应用与发展阶段，"嫦娥"探月，"天问"探火，"羲和"逐日……这些工程在国内外产生了巨大影响。现在，我国经济总量上升到全球第二位，科学技术、文化艺术位居世界前列，正在向第二个百年奋斗目标奋勇前进。

在全面蓬勃发展的大好形势下，加强对青少年的科学知识普及，更好地激发他们热爱祖国、热爱科学、为国家科技腾飞而努力学习的远大理想，是当前的重要任务。科普工作者要紧紧围绕国家大局，用事实说话，用数据说话，讲清楚科技领域的中国方案、中国智慧，为服务经济社会发展、加快科技强国建设提供强大力量。要讲明白我国科技发展的过去、现在和未来。任何科技成就的取得都不是一蹴而就的，中华文明绵延数千年，积累了丰富的科技成果，这是我们宝贵的文化遗产。今天的我们要讲清楚中华文明的"根"与"源"，讲明白"古"与"今"技术进步的一脉相承，讲透彻中国人攀登科学高峰时不屈不挠、团结奉献的品格。

要弘扬科学精神

在中国共产党领导下，我国几代科技工作者通过接续奋斗铸就了"两弹一星"精神、西迁精神、载人航天精神、科学家精神、探月精神、新时代北斗精神等，这些精神共同塑造了中国特色创新生态，成为支撑基础研究发展的不竭动力，助力中华民族实现从站起来到富起来，再到强起来的伟大飞跃。

科学成就的取得需要科学精神的支撑。弘扬科学精神，就是要用科学精神

总 序

感召和鼓舞广大青少年，引导青少年牢固树立为国家科技进步而奋斗的学习观，自觉将个人成长融入祖国和社会的需要之中，在经风雨中壮筋骨，在见世面中长才干，逐渐成长为可以担当民族复兴重任的时代新人。

要培育科学梦想

好奇心是人的天性，是提升创造力的催化剂。只有呵护孩子的好奇心，激发孩子的求知欲望，为孩子播下热爱科学、探索未知的种子，才能引导他们勇于创新、茁壮成长，在未来将梦想变成现实。

科普工作要主动聚焦服务"双减"背景下的中小学素质教育，鼓励青少年主动学习科学知识、积极探究科学奥秘。要遵循青少年身心发展规律和对知识的接受规律，帮助青少年开阔视野，增长知识。更重要的是，要注重传授正确的学习方法，帮助孩子树立正确的科学思维，让孩子在快乐体验中学以致用，获得提高。

我们欣喜地看到，知识产权出版社在科普出版中做了有益尝试，取得了丰硕成果。在出版科普图书的同时，策划、组织、开展了一系列的公益科普讲座、科普赠书等活动，得到广大青少年、老师家长、业内专家、主流媒体的认可。知识产权出版社策划的青少年太空探索系列科普图书，从不同角度为青少年介绍太空知识，内容生动，深入浅出，受到了读者欢迎。

即将出版的"青少年太空探索科普丛书（第3辑）"，在策划、出版过程中呈现出诸多亮点。丛书紧密聚焦我国航天领域的尖端科技，极大提升了中华儿女的民族自豪感；在讲解知识的同时，丛书也非常注重对载人航天精神和科学家精神的弘扬，努力营造学科学、爱科学、用科学的社会氛围；丛书在深入挖掘中华优秀传统文化方面做了有益尝试，用新时代的语言和方式，讲清楚中国人的宇宙观，讲好中国人的飞天梦、航天梦、强国梦，推进中华优秀传统文化创造性转化、创新性发展；同时，丛书充分发挥普及科学知识、传播科学思想、倡导科学方法、弘扬科学精神的作用，努力提升青少年读者的科学素养和全社会的科学文化水平。

"航天梦是强国梦的重要组成部分"。当前，我国航天事业发展日新月异，正向着建设航天强国的伟大梦想迈进。"青少年太空探索科普丛书（第3辑）"体现了出版人在加强航天科普教育、普及航天知识、传播航天文化过程中的使命与担当，相信这套丛书必将以其知识性、专业性、趣味性、创新性得到广大读者的喜爱，必将对激发全民尤其是青少年读者崇尚科学、探索未知、敢于创新的热情产生深远影响。

欧阳自远

2023 年 10 月 31 日

出版说明

党的二十大报告指出："全面建设社会主义现代化国家，必须坚持中国特色社会主义文化发展道路，增强文化自信，围绕举旗帜、聚民心、育新人、兴文化、展形象建设社会主义文化强国。"出版工作的本质是文明传播和文化传承，在服务国家经济社会发展，助力文化自信，构建中华民族现代文明进程中肩负基础性作用，使命光荣，责任重大。

知识产权出版社始终坚持社会效益优先，立足精品化出版方向，经过四十多年发展，现已形成多学科、多领域共同发展的格局。在科普出版方面，锻造了一支有情怀、有创造力、有职业精神的年轻出版队伍，在选题策划开发、图书出版、服务社会科普能力建设等方面做出了突出成绩，取得了较好的社会效益。以"青少年太空探索科普丛书"为例，我们在"十二五""十三五""十四五"期间，分别策划了第 1 辑、第 2 辑和第 3 辑，每辑均为 10 个分册，共计 30 册，充分展现了不同阶段我国航天事业的辉煌成就，陪伴孩子们健康成长。

"青少年太空探索科普丛书（第 3 辑）"是我社自主策划选题的一次成功实践。在项目策划之初，我们就明确了定位和要求，要将这套丛书做成展现国家航天成就的"欢乐颂"、编织宇宙奇幻世界的"梦工厂"、陪伴读者快乐成长的"嘉年华"，策划编辑团队要在出版过程中赋予图书家国情怀、科学精神、艺术底色，展现中国特色、世界眼光、青年品格。

本书项目组既是特色策划型，又是编校专家型，同时也是编、印、宣综合型，在选题、内容、形式等方面体现创新，深入参与书稿创作，一体推动整个项目的质量管理、进度管理、创新管理、法务管理等。

项目体量大、要求高，各项工作细致繁复，在策划、申报、出版各环节，遇到诸多挑战。但所有的困难都成为锻炼我们能力的契机。我们时刻牢记国家出版基金赋予的光荣与梦想，心怀对读者的敬意，以"能力之下，竭尽所能"的忘我精神，以"天下难事，必作于易；天下大事，必作于细"的工匠精神，逐一落实，稳步推进，心中的那道光始终指引我们，排除万难，高歌前行。

感谢国家出版基金对本套丛书的资助，感谢中国科学技术馆、哈尔滨工业大学、北京师范大学、深圳市天文台、北京天文馆、郭守敬纪念馆、北京一片星空天文科普促进中心等单位对本套丛书的大力支持，感谢国家天文科学数据中心许允飞等对本套丛书提供的无私帮助，感谢张凤霞老师、王广兴等对本套丛书给予的帮助。

希望这套精心策划的丛书能够得到读者的喜爱，我们也将始终不忘初心，继续为担当社会责任、助力文化自信而埋头奋进。

知识产权出版社党委书记、董事长、总编辑　刘　超

2023 年 12 月 4 日

目　录

第一章

月球整体特征

1

一面始终朝向地球

月球是地球的卫星，以椭圆轨道自西向东围绕地球转动（公转），同时也围绕自己的自转轴转动（自转）。有意思的是，月球的公转周期竟然与自转周期相等，都是 27.3 天，所以我们在地球上始终只能看到月球的一面（正面）。如果不借助探月卫星，我们是无法看到月球的另一面的。

我们看看下面这幅示意图，在确定的时间内，月球绕地球转过的角度，正好等于月球自转所转过的角度。也就是说，如果月球正面中心处站一个人，那么这个人的头总是指向地球。

这个分析只是近似的情况，如果认真考虑，月球公转周期的确切值是多少？月球一天有多长？这就需要仔细分析月球的轨道。

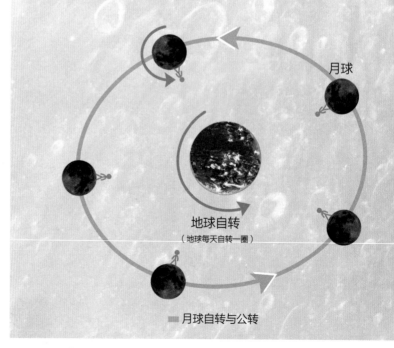

月球

地球自转
（地球每天自转一圈）

■ 月球自转与公转

■ 朔望月示意图

摄影：赵研。

■ 月球的天平动

从左图到右图，恩底弥昂陨石坑和危海的位置往左移动了，洪堡海、界海和史密斯海在左边的图像中是不可见的。

    月球绕地球转一周历时 **27.3 天**，这个时间称为"恒星月"（Sidereal month），是相对于固定的恒星完成绕地球一周所用的时间。朔望月是月亮到达同一视觉阶段的时间，这在整个一年里都有明显的变化，但平均在 **29.5 天左右**。朔望月比月球公转的时间（恒星月）要长，因为当月球绕地球公转时，地球也在绕太阳公转，在一个朔望月期间，月球大约绕地球转动 360+360×29.5/365.24=389.08（°）（公转只转动 360°）。所以，一个恒星月大约为 29.5×360/389.08 =27.3（天）。

    由于月球自转，月球也像地球一样有白天和黑夜之分。月球自转一周的时间等于一个恒星月(27.3 天)，因此月球上一天的时间就大约相当于地球上的一个月。月球上一个白天的时间大约相当于地球上的 14 天，一个黑夜的时间也大约相当于地球上的 14 天（月球自转周期的一半）。

月球的自转和公转是同步旋转的，这意味着月球始终保持同一面朝向地球。这种同步旋转只是平均而言，因为月球的轨道是椭圆形的，有一定的偏心率，因此，月球的公转角速度随着它绕地球的运行而变化，因此并不总是恒定的。当月球在近地点时，它的轨道运动公转速度比它的自转速度快。这时，月球在绕其轴旋转的轨道上稍微超前一点，这就产生了透视效果，让我们可以看到它东边（右边）远端的经度 8°；相反地，当月球到达远地点时，它的轨道运动公转速度比它的自转速度慢，揭示了它的西侧（左边）的经度 8°：这就是经度上的天平动❶。由于月球的天平动现象，人们从地球上可以观测到月球整个表面的 59%。

天平动是月球围绕其平均位置的微小振荡。经度天平动发生在月球的同步自转和椭圆轨道上。纬度天平动是由于月球的赤道平面与它的轨道平面有 1.54° 的轻微倾斜，而它的轨道平面与黄道平面有 5.14° 的倾斜。

这里需要指出的是，月球并不是一直就这样转动。目前，这种转动状态是轨道长期演变的结果，而引起轨道变化的一个重要因素是潮汐力。月球对地球的引力使地球的海洋潮涨潮落，海水不断地冲刷大陆，对固体地球的运动产生阻力。这个力使地球自转速度降低，也使月球逐渐远离地球，每年远离的距离大约是 3.8 厘米。为了维持角动量守恒，地球的转速正逐渐减

---

❶ 天平动：由于月球围绕地球转动的轨道是椭圆形的，随着运行轨道变化而呈现出的相对位置周期性振动变化。

慢，使地球的一天每年延长约 17 微秒（这个数字会使地球日每 60 000 年增加 1 秒，每 400 万年增加 1 分，10 亿年增加 4 小时。往回推算，当 6 500 万年前恐龙在地球上出没时，一天的长度超过 23 小时）。

由于月球始终有一面朝向地球，这就产生了月球的"正面"和"背面"这两个词，人们也会因看不到月球的背面而感到遗憾。不要紧，在太空时代，人类已经向月球发射了大量探测卫星。这些卫星拍摄了许多高清晰度的图像，使我们能看到月球表面的任何部分。下面是月球不同经度区的图像，我们一起来欣赏一下吧。

月球的正面

月球正面的大部分区域地势平坦、低洼，只有少量的高原。**用肉眼遥望月球有些黑暗色的斑块，这些是比较低洼的平原，叫作"月海"。**月海总面积约占全月面的 25%。迄今已知的月海有 23 个（包括风暴洋）。正面有 20 个月海，正面月海约占半球面积的一半；背面只有东海、莫斯科海和智海共 3 个月海，而且面积很小，占半球面积的 2.5%。月海虽然叫作"海"，但是都徒有虚名，实际上它没有一滴水，只不过是比较平坦的、比周围低洼的大平原。它的表层覆盖着类似地球玄武岩那样的岩石，即月海玄武岩。这种岩石的反光率比较低，因此从地球看上去显得比较暗淡。

古人观看月球时，将这些
暗淡的地方与地球的大海联系
起来，认为这些地区就是大海，
并且给这些"海"起了名字，
一直延续到今天。

一马平川不见山，
蓝色月海连成片。
月面旅游不用车，
乘舟航行全游遍。

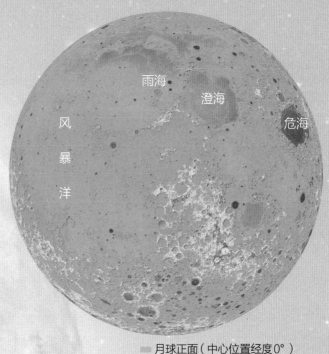

■ 月球正面（中心位置经度0°）

中心位置经度60°

在右图中，中心的平坦区
域是危海。

三星❶连一线，
危海在中间。
地势颇平坦，
四周皆有山。

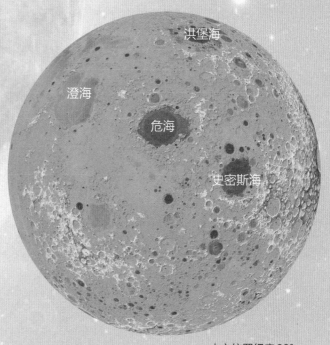

■ 中心位置经度60°

---

❶ "三星"指的是澄海、危海、史密斯海。

中心位置经度 120°

在右图的中心区域，高山和陨石坑都很密集。右偏上一点的低洼区域是莫斯科海。

左面平原右边山，
大小陨坑连成片。
正值地势过渡区，
两种地形都可见。

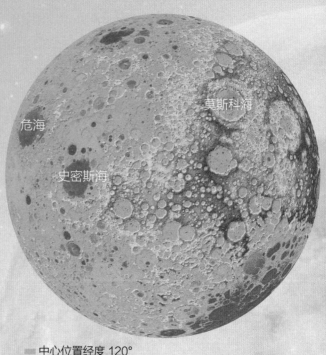

危海
莫斯科海
史密斯海

■ 中心位置经度 120°

中心位置经度 180°

右图就是我们前面所说的月球背面，整体地势高，平坦区域少。

月球背面呈奇观，
盆地托举众高山。
白色之处超珠峰，
高低相差整两万。

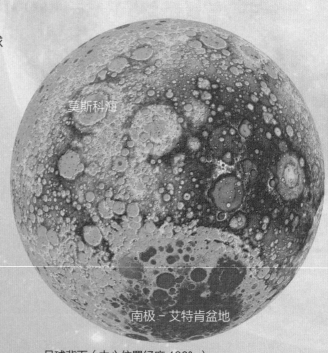

莫斯科海
南极 – 艾特肯盆地

■ 月球背面（中心位置经度 180°）

中心位置经度 240°

　　右图大部分区域属于月球背面，只有右面一小部分属于正面。可以看到左边地势很高。

东海在下方，
上面两张脸。
似乎看南极，
又像观东海。

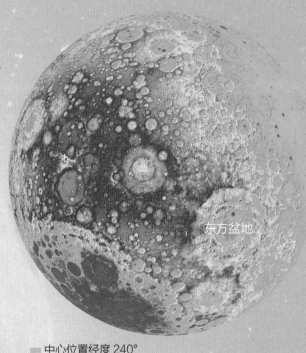

■ 中心位置经度 240°

中心位置经度 300°

　　中心位置是月球上最大的月海——风暴洋，是月面高原与平原的分界面。

遥看风暴洋，
月面多坦荡。
分清两层次，
高山与海洋。

■ 中心位置经度 300°

月球正面与背面地形和地貌的差别巨大，主要表现：

正面遍布月海，整体低洼平坦。

背面高低悬殊，多处耸立高山。

月海的地势一般较低，比月球平均标准面低 1~2 千米。个别较低的海，如雨海的东南部甚至比周围低 6 千米。形成月海分布如此不均的原因可能是地球的引力。由于月球的一面永远面向地球，历经亿万年的引力影响之后，科学家们相信月球的质心比形心更接

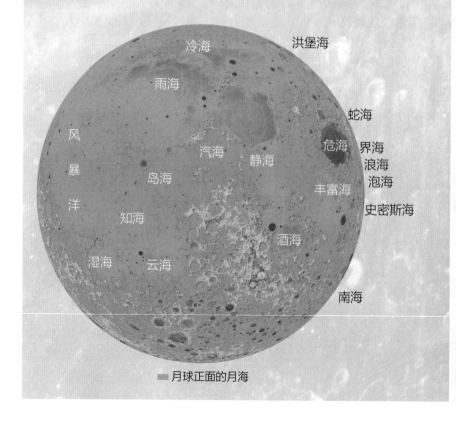

■ 月球正面的月海

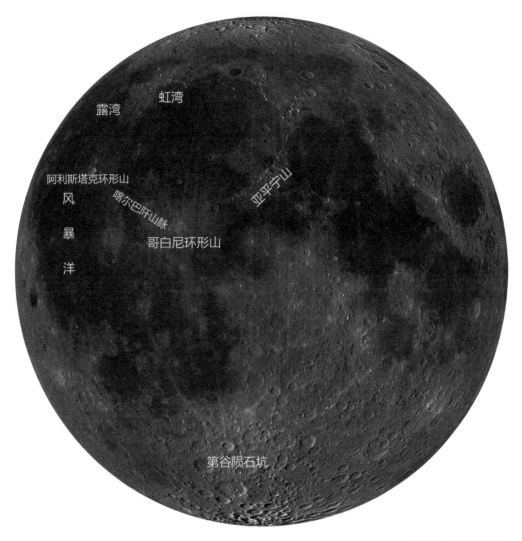

露湾　虹湾

阿利斯塔克环形山

风暴洋

喀尔巴阡山脉

亚平宁山

哥白尼环形山

第谷陨石坑

▨ 月球的主要地形名称

近地球。所以，月幔更容易从月球正面流出，使月球正面的撞击坑更容易被玄武岩岩浆所"灌溉"，从而导致形成地形分布不均的现象。

最大的月海叫"风暴洋"，位于月球正面的西北部，面积达 400 万平方千米，约等于 7.2 个法国的面积。由于面积最大，它也是月球上唯一被称为"洋"的月海。与所有的月海一样，风暴洋也是由火山喷发涌出的古老玄武岩而形成的一块厚厚的、几近平坦的凝固岩浆区。然而，与其他月海不一样的是，风暴洋可能不一定坐落在一座确定的撞击盆地内。风暴洋的四周，分布着很多较小的月湾和月海，如南面的湿海和云海，东北方有被喀尔巴阡山脉隔开的雨海。在北部边缘坐落着 32 千米宽的阿利斯塔克环形山，它被认为是月球正面最明亮的地方。同时，有着醒目射线纹的哥白尼环形山位于风暴洋的东侧边缘，清晰发亮的物质蔓延在较暗的地层上。风暴洋的北部边缘则坐落着露湾。

月球的最高点和最低点都在月球的背面。月球的最高点在赤道附近，地势高，可称为月球的"世界屋脊"。最低点则在南部，位于南极 – 艾特肯盆地（South Pole-Aitken Basin）内。

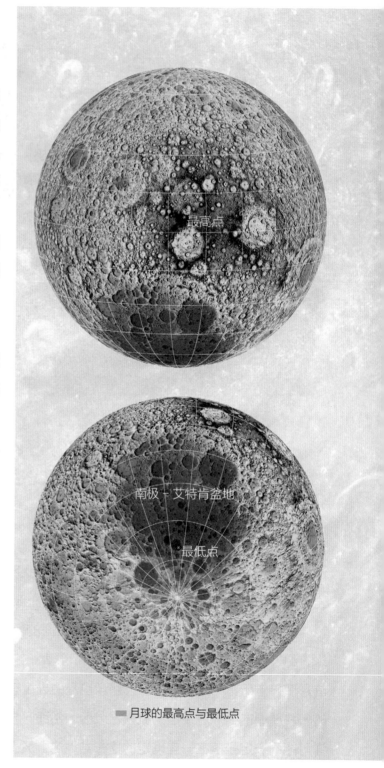

■ 月球的最高点与最低点

3 密集陨坑保持原貌

　　陨石坑是月球上最著名的地质过程产物。当一个固态的天体（如小行星或彗星）以高速度（平均速度约 17 千米 / 秒）与月球表面碰撞时，陨石坑就形成了。撞击的动能产生一个压缩激波，从入口的角度辐射出来，它将大部分的喷出物从陨石坑中释放出来。最后，底部有一个流体动力反弹，可以产生一个中心峰。由于缺乏大气和最近的地质作用，这些陨石坑都保存得很好。虽然只有少数多环盆地被确定年代，但是它们对确定相对年代是有用的。由于陨石坑的累积速度几乎是恒定的，计算单位面积上的陨石坑数量可以用来估计月表的年龄。阿波罗任务期间收集到的撞击熔融岩石的辐射年龄在 38 亿 ~41 亿年。

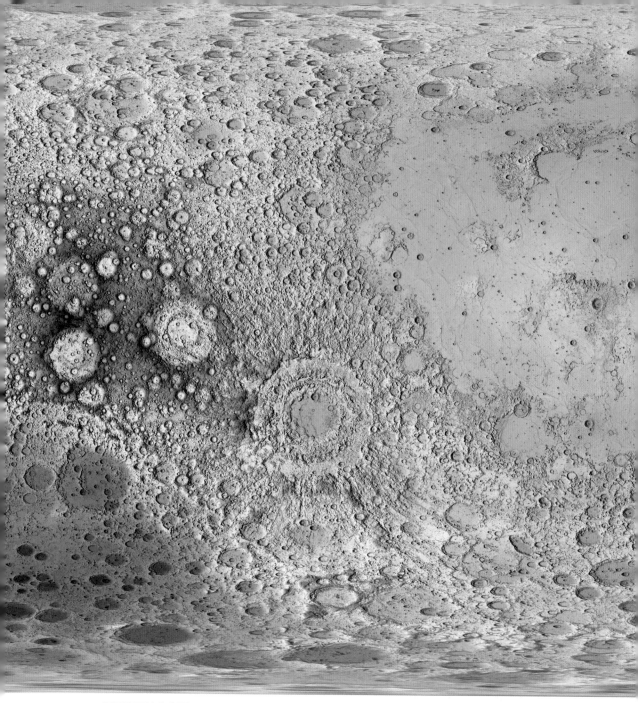

■■■ 月面陨石坑分布图

陨坑数量令人惊，

全球竟然万亿坑。

最大陨坑几千里，

点赞月球能支撑。

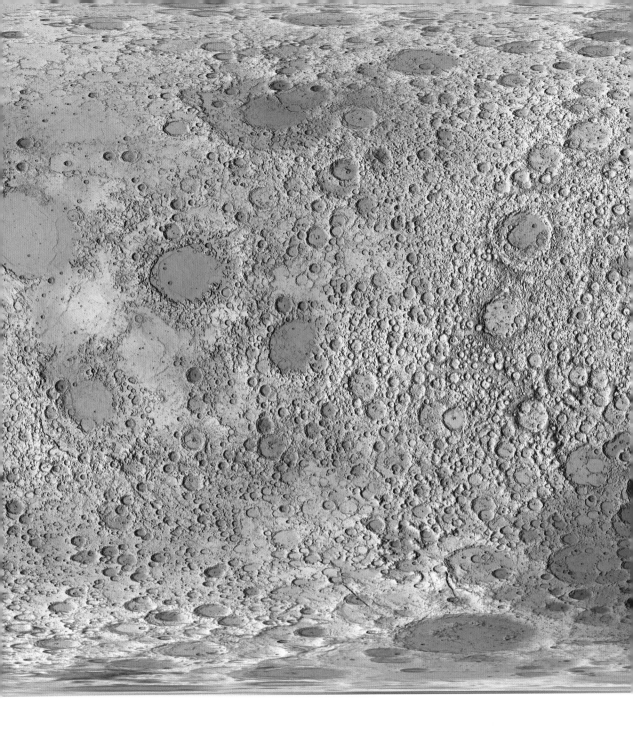

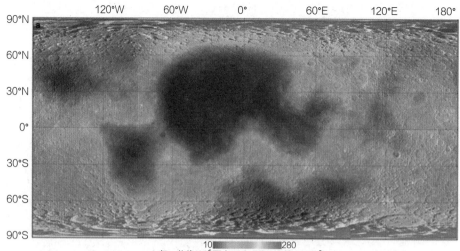

归一化为10^6平方千米(陨石坑数/千米^2)

■■■ 直径大于20千米的陨石坑面积密度图

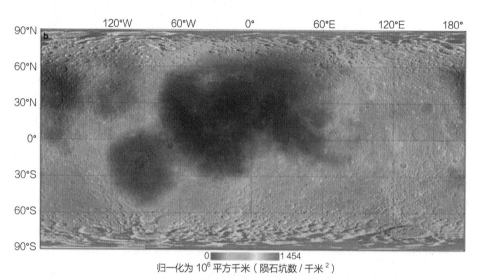

归一化为10^6平方千米(陨石坑数/千米^2)

■■■ 直径5~20千米的陨石坑面积密度图

| 为什么月球上有那么多陨石坑，而地球上却那么少呢？ | 在地球上，由于有水，大气层和构造活动（如火山喷发、板块移动等）侵蚀着地表，它们抹去了除最近以外的影响，所以大约80%的地球表面的年龄不到2亿年。而在月球上，由于缺少这三种力量，超过99%的月球表面的年龄超过30亿年。换句话说，月球的表面自其早期历史以来就没有被改变过，所以它的大多数陨石坑仍然可见。 |

如何用陨石坑来确定天体的年龄？

科学家们通过记录陨石坑的大小和数量，以及它们被侵蚀的程度，来确定不同天体表面的年龄和历史。一个地貌的陨石坑越多，它就越古老。在太阳系形成的早期（39亿年前），有许多巨大的碎片撞击着年轻的行星和卫星的表面，这些古老的撞击盆地比最近的陨石坑要大。根据经验来看，较老的表面暴露在撞击物体（流星体、小行星或彗星）中的时间比年轻的表面长，因此，旧的表面有更多的撞击坑。水星和月球上布满了撞击坑，它们的表面都非常古老。金星的陨石坑较少，它的表面最近（在过去的5亿年）被熔岩流覆盖，掩盖了较老的火山口。地球表面的大部分区域被水、大气层和构造活动改变过，所以地球上没有多少陨石坑。

是什么影响陨石坑的大小和形状？

陨石坑的大小和形状取决于撞击物体的速度、质量及表面的地质条件等因素。撞击速度越快，陨石坑就越大。通常，来自太空的物质以大约17千米/秒的速度撞击地球，这样的高速撞击产生的陨石坑直径大约是撞击物体的20倍。撞击物的质量越大，陨石坑就越大。大多数陨石坑是圆形的，如果撞击物以非常低的角度（小于20°）撞击月球表面，就会产生更多拉长的陨石坑。

研究月球陨石坑具有重要意义

1 月球陨石坑提供了太阳系早期受撞击的线索，是研究系内行星演变的考古博物馆。由于月球受撞击的地质记录基本完好无损，科学家们依靠月球来重建太阳系内部早期的混乱状态，从而为地球、金星和火星表面构造的陨石轰击成因假说找到依据，并确定陨石坑的存在时间和分布情况。这有助于揭示40多亿年前太阳系内部的行星轰击特征。

2 了解了哪里是月球最古老的区域，就可以从那里采集样品，这对进一步了解月球和太阳系内部的其他天体具有不可估量的价值。

3 通过研究在月球最初10亿年里大小物体撞击月球的比例，可以了解小行星带变化的过程。我们知道，35亿年以来，小行星带一直以相对恒定的速度旋转着，并向外抛射物体。但当我们回顾太阳系早期的历史，情况就完全不同了。小行星带有不同的作用力，是什么造成了这种不同的作用力，目前还不清楚。

4 对矿物和岩石冲击变质的研究，将进一步丰富岩石学、矿物学、结晶学和高温高压地质学的内容，并为了解地幔的物质性状和物理化学特点，即为地球深部的研究提供参考依据；也可以从冲击效应特征推定岩石受轰击时的温度和压力，从而对了解地面及地下核试验和人工爆破的威力、破坏半径，以及对工程防护和对金刚石等矿物的合成具有一定的实用意义。

4 太阳系内最大盆地

南极 – 艾特肯盆地（South Pole-Aitken Basin）是月球背面一座巨大的撞击盆地，最大直径大约2 500千米，深13千米，最大落差（从坑底最深处到最高壁顶处）16千米。它是太阳系中已知最大的撞击坑之一，也被公认为是月球上最大、最古老和最深的撞击盆地。它以月球背面两处相对应的地貌特征来命名：位于盆地南端的月球南极和北端的艾特肯陨石坑。

该盆地明显由北往南扩展，从月球背面南纬16°起，跨过南极，并在月球正面延伸近5°。它的中心月面坐标为53°S，169°W，外观近似一处边缘模糊的椭圆状凹地，内部与其他盆地不同，其外环尺寸2 400千米×2 050千米，内环为1 940千米×1 440千米,内外环中心及延伸方向保持一致，但由于盆地原始结构损毁严重，难以对它的大小、中心点位置，甚至环圈数进行精确的估测。

南极－艾特肯盆地深色的表面分外醒目，它的内部坐落着众多年轻的陨石坑，包括非常大（直径超过 300 千米）的阿波罗陨石坑、普朗克陨石坑、庞加莱陨石坑、薛定谔陨石坑，以及嫦娥四号月球车的着陆点——冯·卡门陨石坑等。

南极－艾特肯盆地内有月表上的最低点（月球标准面下 8 810 米，位于安东尼亚迪陨石坑内一座无名小坑坑底），而它的东北边缘则非常高（8 160 米，靠近多普勒环形山），平均深度较月表平均高度低 2 340 米。由于在形成时的撞击中抛出了大量岩石，所以，盆地下方的地壳厚度明显较其他地区更薄。根据对月球地形和重力场的分析，盆地中央地壳厚度约为 30 千米。相对而言，它周边地区的地壳厚度达 60~80 千米，而全月球平均值为 50 千米。

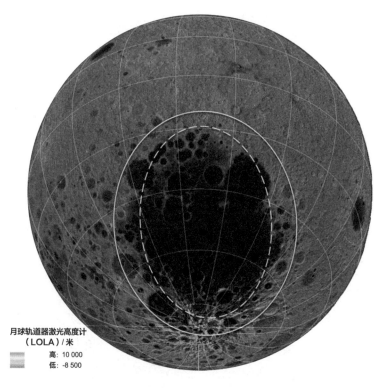

月球轨道器激光高度计
（LOLA）/米

高: 10 000
低: -8 500

■ 南极－艾特肯盆地的位置及高度

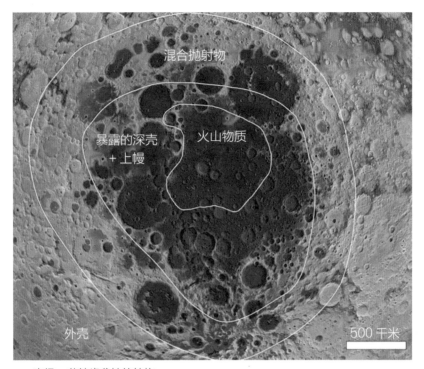

混合抛射物

暴露的深壳
＋上幔

火山物质

外壳

500 千米

■ 南极－艾特肯盆地的结构

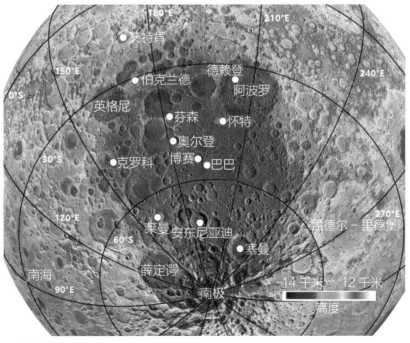

180°E

210°E

艾特肯

150°E

德赖登

240°E

伯克兰德

阿波罗

0°S

英格尼

芬森

怀特

奥尔登

克罗科

博赛

巴巴

30°S

120°E

莱曼 安东尼亚迪

孟德尔－里德堡

270°E

塞曼

60°S

南海

薛定谔

90°E

南极

-14 千米　12 千米

高度

■ 南极－艾特肯盆地内的陨石坑

5

风暴洋里诸多奥秘

风暴洋（Oceanus Procellarum）是位于月球正面西部边缘的一个巨大的月海，它是唯一被称为"洋"的月海。风暴洋在南北方向超过 2 500 千米，覆盖了大约 400 万平方千米的面积，占月球表面积的 10.5%，真不愧为"洋"。

月球上这个最大的月海有许多秘密，这些秘密涉及起源、重力异常矩形模式及月球旋涡等。最大的奥秘是关于它的起源，目前有多种猜想，主要的猜想有撞击说、空间加热不均匀说、古老月谷的演化说等。其他的假说包括在月球背面的一个伴星在后期的吸积，这个假说认为，在远古时期，除了现在的月球，地球还有另一个较小的卫星（直径约 1 200 千米），它是由巨大撞击的碎片形成的。几千万年后，它与月球相撞，由于碰撞速度很小，它在月球的一边简单地堆积起来，就形成了现在所知的远侧高地。

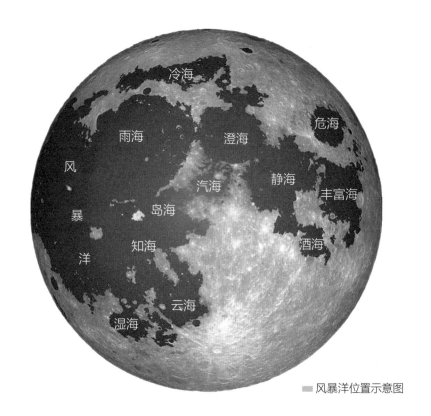

冷海

雨海

危海

风
暴
洋

澄海

静海

汽海

岛海

丰富海

知海

酒海

云海

湿海

■ 风暴洋位置示意图

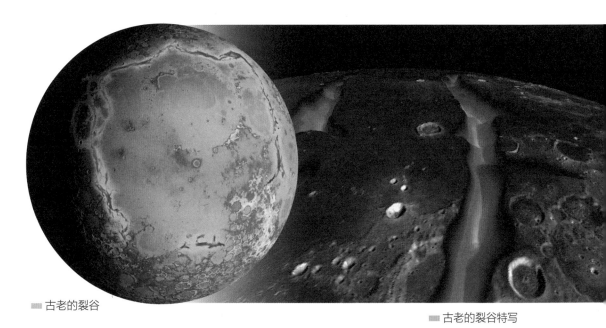

■ 古老的裂谷

■ 古老的裂谷特写

对风暴洋起源的主要解释是，它是一个大型的、古老的撞击盆地。但是，发表在 2014 年 10 月 2 日《自然》杂志上的一篇论文认为，这个区域是数十亿年前月球地壳冷却的结果。左图中的红色部分是由重力恢复和内部实验室（GRAIL）任务的数据揭示的重力异常模式的一部分。研究人员将这种矩形特征解释为管道系统的残余，该系统将岩浆移动

■ 与风暴洋区域接壤的重力异常区域（红色）

到月球近侧的表面，使熔岩淹没了低洼地区。矩形的形状不同于预期的圆形的冲击盆地，它更接近材料在热应力作用下形成的裂纹模式。

风暴洋的另一个秘密是月球旋涡——赖纳伽马（Reiner Gamma）。月球旋涡是明亮的，通常是弯曲的，具有抽象喷枪绘画的漫反射外观。

位于风暴洋的月球旋涡是黑暗的风暴洋中的一个明亮斑块，可能是月球旋涡最壮观的例子。它们是月球独有的，长期以来一直无法简单地解释清楚。它的侧面看起来像一个小的"8"字形。月球勘测轨道器从轨道上看到的景象显示了延伸数百千米的卷须和子旋涡，这可能是太阳风与月球孤立磁场相互作用的结果。

这些明亮、壮丽、蜿蜒的旋涡是如何形成的？

阿波罗时代的工作人员推测，旋涡可能是火山灰沉积物形成的，也可能是

月球旋涡

火山气体对表面的化学改变而形成的。后来的工作表明，旋涡不是由成分不同的材料组成的，实际上它们与周围较暗区域的材料成分相同，但它们是明亮的，可能因为它们比周围的材料"更新鲜"。新暴露的材料没有受到恶劣的月球表面环境的影响，来自太阳风和微流星体的带电粒子会慢慢使土壤变暗，并改变土壤吸收和反射不同波长光的方式。关于为什么旋涡是"新鲜的"并具有独特的形状，科学家们已经提出了几个想法——包括它们是在最近的一颗彗星冲刷表面时形成的。

　　有趣的是，尽管旋涡一直是许多研究的主题，但直到月球勘测轨道器相机（LROC）团队最近发表了相关的研究结果，才对旋涡在月球上的分布进行了全面评估。通过使用广角相机（WAC）的数据，该团队注意到旋涡通常比周围环境更强烈地吸收紫外线（这是新鲜材料的典型特征）。

6

两极形貌超乎想象

由于月球的轴相对于太阳的倾斜很小，月球两极附近的陨石坑和其他洼地永远被阳光挡住，所以，这些表面在极低的温度下维持了数十亿年，表面温度远低于 100 开尔文。有证据表明，这些表面起到了冷阱的作用，捕获并隔离了来自月球和其他地方的挥发物，最受关注的是可能存在未来航天员会使用的水冰。月球两极提供了一种独特的科学资源，这里的挥发物可能来自太阳或星际云，这种挥发性沉积物可能会提供有关行星科学方面的许多独特信息。

地球化学家哈罗德·尤里首先呼吁人们对月球两极特殊条件的注意。1952 年，尤里在他的《行星——它们的起源和发展》一书中指出，月球的自转轴与月球绕太阳运行的轨道平面的法线只倾斜了 1.5°，这个几何构形的结果是两极附近的陨石坑有非常低的温度。这些低温表面可以充当冷阱，收集保存任何可能暂时通过月球环境的蒸气。1961年，沃森、穆雷和布朗发表了关于月球两极的第一个正式科学研究，他们计算了温度并考虑了挥发物的潜在保留方式。1979年，阿诺德计算了在月球两极的挥发物的质量，并得出结论，月球两极可能成为未来开发水资源的重要地区。从那时起，一直持续到今天，不断有理论研究探索月球极地科学的方方面面，其中包括预期温度、挥发性物质的来源、挥发性物质输送到极点的机制、挥发性物质的损失和保留机制、照明历史和捕获挥发物的原位化学变化。

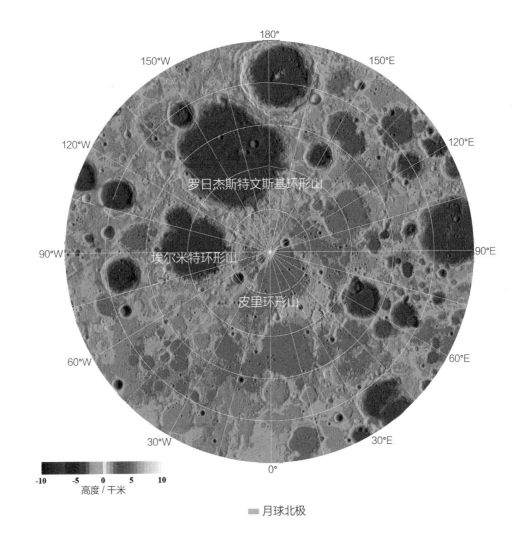

月球北极

随着对水星的观测，仅仅局限于理论的时代戏剧性地结束了。与月球一样，水星的倾角非常小，这应该能使水星极地陨石坑形成冷阱。1992 年，天文学家根据在水星北极地区的雷达反射率和偏振特性，认为水星北极地区存在水冰。随后的高空间分辨率雷达成像显示，这些明亮的特征是圆形的，表明它们与极地的陨石坑有关。雷达结果还不能明确确定水分子的存在，水星极地陨石坑中的物质必须很厚，而且对于雷达来说高度透明，才能发现异常。人们的注意力很快转向了月球的两极，伴随着强烈的科学争议，一个从地球和月球轨道测量月球两极的新时代开始了。

美国国家航空航天局的月球勘测轨道器（Lunar Reconnaissance Orbiter, LRO）绘制了月球的地形和地貌，向我们展示了山脊、山脉和洞穴的地形和位置。由于月球上有陨石坑和山脉，月球极点附近的一些区域几乎永远处于阳光照耀下，而另一些地区则永远处于黑暗中。

目前，关于月球南极的一些高分辨率图像主要是由 LRO 拍摄的。LRO 每隔两个小时经过极点时，广角相机就会拍摄一张图像，一个多月后，就会拍摄到覆盖整个极地地区的图像。

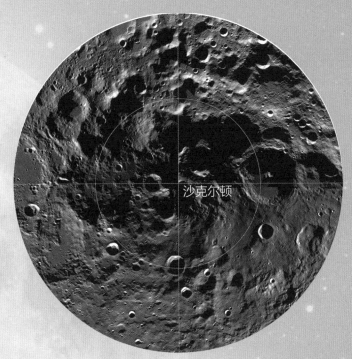

沙克尔顿

■■ 月球的南极

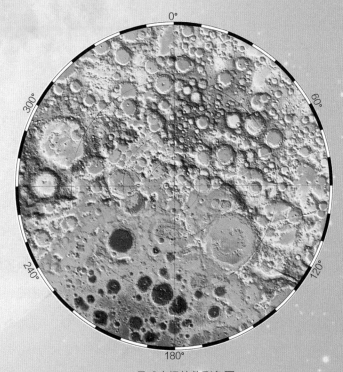

■■ 月球南极的伪彩色图

7

近月环境极其恶劣

月球大气层

月球表面基本没有大气，也没有液态水和生命。但在一些文献中经常使用"月球大气层"这个词。那么月球大气层究竟是什么样的情况呢？

月球的大气层是月球周围稀薄的气体。在大多数情况下，月球被认为是被真空包围着的。与行星际介质相比，月球附近原子和分子粒子是存在的，被称为"月球大气"。但与环绕地球和太阳系大多数行星的气体包层相比，月球大气是微不足道的。月球大气的压强大约是 3×10^{-15} 标准大气压（0.3 纳帕），在一天中不断变化，总质量小于 10 吨。换句话说，月球被认为没有大气层，因为它不能吸收可测量的辐射量，也不会出现分层和自循环，而且由于其气体以很高的速度散失到太空中，因此需要不断补充。

在地球的海平面上，每立方厘米的大气大约包含 10^{19} 个分子；相比之下，同样体积的月球大气中只有不到 10^6 个分子。事实上，月球表面大气层的密度与地球大气层最外层的一些边缘的密度相当，那里是空间站的轨道。

月球大气的一个来源是气体释放：由月壳和月幔的放射性衰变而产生的氡和氦等气体的释放。另一个重要的来源是微陨石、太阳风对月球表面的撞击，这个过程被称为"溅射"。

月球仅有的稀薄大气层是由一些不寻常的气体组成的，包括钠和钾，这些气体在地球、火星和金星的大气层中是找不到的。

钠和钾元素已经用光谱方法在月球大气中探测到，而氡 -222 和钋 -210 的同位素是由月球探测者 α 粒子谱仪获得的数据推断出来的。氩 -40、氦 -4、氧气（O_2）或甲烷（CH_4）、氮（N_2）或一氧化碳（CO）、二氧化碳（CO_2）是由阿波罗号航天员放置的原位探测器探测到的。

月球大气中已知的元素在白天的平均丰度（以每立方厘米的原子数计算）如下。

氩 :20 000~100 000。 氦 :5 000~30 000。 氖 :20 000。钠 :70。钾 :17。氢 : 少于 17。

虽然这大大超过了太阳风的密度（太阳风的密度通常是每立方厘米只有几个质子），但与地球的大气相比，它实际上是真空的。

月球尘埃

一个永久的月球尘埃云存在于月球周围，由彗星的小颗粒产生。 据估计，每24小时就有5吨彗星粒子撞击月球表面，导致尘埃粒子的喷射。尘埃在月球上空停留约10分钟，其中上升5分钟，下降5分钟。NASA月球大气和尘埃环境探测器（Lunar Atmosphere and Dust Environment Explorer, LADEE）的月球尘埃实验所做的尘埃计数发现，在流星雨期间，当地球和月球经过彗星碎片时，粒子计数达到顶峰。月球尘埃云是不对称的，在月球日面和夜面边界附近密度更大。正因为月球存在尘埃云，因此有时也会观测到黄道光。

黄道光是由一些不断环绕太阳的尘埃微粒反射太阳的光而形成的。黄道光的起因主要是行星际尘埃对太阳光的散射，因此，黄道光的光谱与太阳光的光谱极为相似。 科学界通常认为行星际尘埃粒子是小行星被撞碎后或彗星瓦解后的产物，它们基本上散布在黄道平面及其近旁，所以黄道光也就大致沿着黄道面伸展。此外，也许有一小部分黄道光是由分布在行星际空间的电子云散射形成的。

2014年4月，LADEE在撞击月球背面前"看到了光"。在距月球表面仅几千米的高空，任务控制人员利用这种独特的低角度，在完全黑暗的情况下俯瞰月球地平线，就像阿波罗号的航天员在月球轨道上所做的那样。

下页下图是阿波罗17号航天员尤金·塞尔南手绘的从轨道上看到的月球日出的草图。在右边还突出了颜色显示散射光的来源：红色代表日冕和黄道光，蓝色可能是沿着月球地平线粉尘引起的光亮，悬浮在月球的外逸层，绿色可能是黄昏光线形成的阴影和散射光。图中的光线看起来很像那些从云洞中流过的光线和阴影，这些光线被称为黄昏光线。

▰▰ LADEE 的恒星跟踪相机拍摄的黄道光

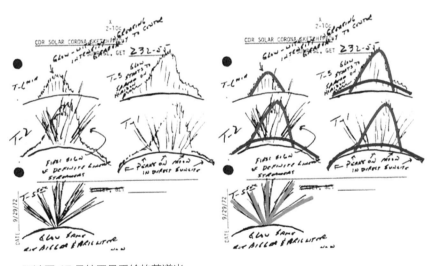

▰▰ 阿波罗 17 号航天员手绘的黄道光

月表温度

由于月球基本没有大气层，不能调节表面温度的变化，所以月球的表面温差很大。在月球赤道，平均表面温度在中午达到 127 摄氏度，然后在夜间下降到 −173 摄氏度以下。相比之下，地球表面的最高温度是 58 摄氏度，最低温度是 −93 摄氏度。

在月面的不同区域，日夜温度变化也很大，下面左图给出月球南极地区白天的温度，右图给出月球南极地区夜间的温度。数据来自月球勘测轨道器携带的仪器。

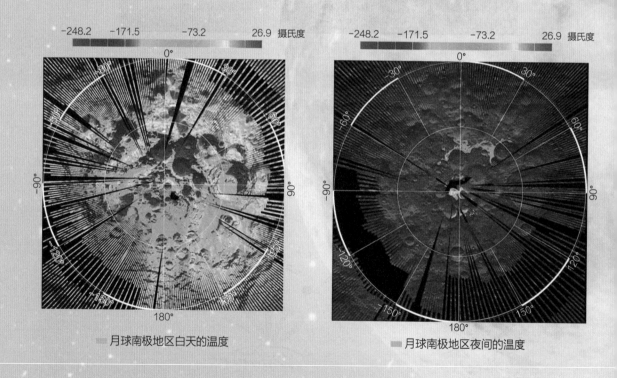

月球南极地区白天的温度　　　　　　　月球南极地区夜间的温度

辐射环境

一个中德研究小组在美国杂志《科学进展》上曾报告了嫦娥四号月球车收集的辐射数据。根据这个数据，航天员在月球上所受到的辐射是我们在地球表面所受辐射的 200~1 000 倍，或者是跨大西洋航班上乘客所受辐射的 5~10 倍。

月球表面的空间辐射与地球上的空间辐射来源相同，都是来自太阳和银河宇宙射线。相比于地球，月球没有自己的强大磁场和大气，因此无法像地球一样保护人类免受来自太空的电离辐射。

月球是将人类活动从地球延伸到其他天体的最佳选择。太空环境实验室的研究、开采地球上罕见的材料、太空旅游都是可能利用月球的例子。电离辐射对人体和电子设备都有影响，减少辐射的唯一有效措施是提供辐射防护场所。

8

月壤里面资源丰富

月球蕴藏着大量的自然资源。潜在的资源包括挥发物和矿物质等可加工材料，以及像熔岩管这样的地质结构，这些资源和地质结构适合人类在月球上短期居住。利用月球上的资源可以降低探索月球的成本和风险。

月球资源可以促进对月球本身的持续探索，在地月空间进行的科学探索活动可以直接对全球经济作出贡献。月壤是最容易获得的产品，月壤中的氧化物可以作为生活用氧及运载火箭的氧化剂。水冰可以为生命提供氧气，为火箭提供推进剂原料。永久阴影区的挥发物可能提供甲烷（CH_4）、氨（NH_3）、二氧化碳（CO_2）和一氧化碳（CO）。从月壤中的各种矿物可以获得金属元素和其他元素。

人类对月球的探索还在进行中。根据目前的认识，月球资源包括太阳能、水、氧、氢、铁、钛、铝、硅、钙、镁、稀土和氦－3等。这里我们重点介绍氦－3和氧。

月球表面的主要矿物

化合物	分子式	在不同区域的含量百分比	
		月海	高原
氧化硅	SiO_2	45.4%	45.5%
氧化铝	Al_2O_3	14.9%	24.0%
氧化钙	CaO	11.8%	15.9%
氧化亚铁	FeO	14.1%	5.9%
氧化镁	MgO	9.2%	7.5%
氧化钛	TiO_2	3.9%	0.6%
氧化钠	Na_2O	0.6%	0.6%
合计		99.9%	100.0%

氦-3

几十年来，氢的同位素氘（^2H）和氚（^3H）等氢原子一直被视为未来的重要能源，它们取之不尽、用之不竭，而且比重原子（如铀）的裂变污染小得多。然而，使其成为一种实用且节能的能源选择所需的技术仍然需要大量的深入研究，而且它们并不是完全清洁的能源：氘和氚的聚变会产生中子，这些粒子会导致放射性污染，并且无法用电磁场遏制，因为它们没有电荷。

与此相反的是，氦-3（^3He）具有显著优势：它与氘的聚变比氘和氚的聚变更有效，并且不释放中子而释放质子，这要归功于它们的正电荷。

据估计，太阳风在月球表面沉积了超过 100 万吨的氦-3。在阳光照射的地区，氦-3 浓度估计在（1.4~15）/10 亿；在永久阴影区，氦-3 浓度可能高达 50/10 亿。相比之下，地球大气中的氦-3 含量为 7.2/ 万亿。

氦-3作为氦的一种同位素，在能源、科学研究等领域具有重要应用价值。比如，作为一种可控核聚变的燃料，氦-3核聚变产生的能量是铀-235核裂变产生能量的12.5倍。100吨氦-3核聚变产生的能量可供应全球使用1年，且氦-3核聚变过程无中子二次辐射危险，更加清洁和可控。另外，氦-3是获得极低温环境的关键制冷剂，是超导、量子计算、拓扑绝缘体等前沿研究领域的必需物质。然而，地球上的氦元素主要是氦-4，氦-3储量只有0.5吨左右，远远无法满足现有需求。

氦-3是太阳风的重要成分，月球由于常年受太阳风的辐照，储存了大量氦-3。探索月球资源，特别是氦-3的含量、分布和开采，已经成为当前国际深空探测的必然趋势和主要任务。因此，从20世纪末开始，全球掀起了新一轮的月球"淘金热"，使探月工程和科学研究达到新的高潮。但是如何高效地原位开采氦-3还是一个科学和技术难题。

2022年，我国科学家对月球氦-3的研究有了重要发现。通过对嫦娥五号月壤颗粒中的氦原子进行测试和研究，发现月壤中钛铁矿颗粒表面都存在一层非晶玻璃。研究人员在玻璃层中观测到了大量的氦气泡，直径大约为5~25纳

■ 月球上开采氦-3的装置

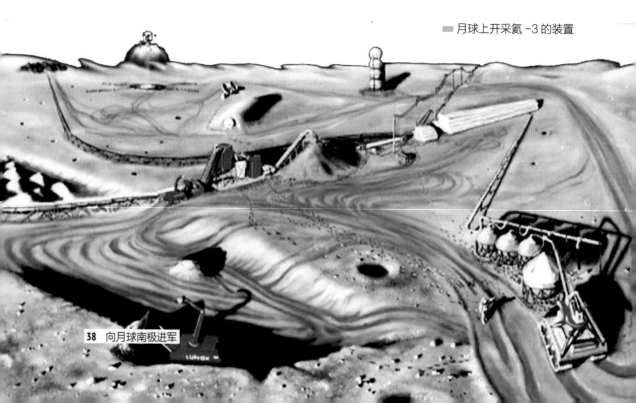

米，并且大部分气泡都位于玻璃层与晶体的界面附近。而在颗粒内部晶体中，基本没有氦气泡。鉴于氦在钛铁矿中的高溶解度，研究人员认为氦原子首先由太阳风注入钛铁矿晶格中，之后在晶格的沟道扩散效应下，氦会逐渐释放出来。而表层玻璃具有原子无序堆积结构，限制了氦原子的释放，氦被捕获并逐渐储存起来，形成了气泡。

我国科研团队的成果表明，通过机械破碎方法有望在常温下以提取气泡形式储存的氦-3，不需要加热至高温。而且钛铁矿具有弱磁性，可以通过磁筛选与其他月壤颗粒分开，便于在月球上进行原位开采。通过进一步计算，研究人员发现气泡中的氦气原子的数密度达到每 50~192 个 / 纳米^3，具有极高的压力。根据月球上钛铁矿的总量估算，以气泡形式储藏的氦 -3 总量或高达 26 万吨。如果将其全部用于核聚变，可以满足全球 2 600 年的能源需求。这些结果不但为月球上氦 -3 的富集机理提供了新的见解，也为未来月球氦-3 的原位开采利用奠定了理论基础，对实现月球资源的有效利用具有重要意义。

一些国家航天机构及各种私营公司将目光投向了月球采矿。欧洲航天局（ESA）已与几家公司签署了一项合同，以研究未来开发月球风化层资源以支持有人长期驻留月球。在这种情况下，氦-3 可用于为当地的反应堆提供动力，甚至可以用作由核聚变驱动的航天器的燃料。

氧

月壤中的氧元素含量估计为 42%。氧通常以氧化物的形式存在。科学家至少已经设计了 20 种从月球风化层中提取氧气的可能方案，所有这些方案都需要高能量输入：产生 1 000 吨氧气需要 6×10^{13}~12×10^{13} 焦耳的能量。

月球上确实有大量的氧，但它不是气态的，而是被捕获在月壤——覆盖月球表面的岩石和细尘层内。如果我们能从月壤中提取氧气，它是否足以支撑人类长期在月球上生存？

月球能提供多少氧气？如果我们忽略月球深层坚硬岩石中的氧气，只考虑表面容易接触到的风化层，就能得出一些估计。月球风化层平均含有 1.4 吨 / 米³矿物，包括约 630 千克的氧。人类每天需要吸入大

月壤资源非等闲，
氧气含量更可观。
八十亿人尽情用，
足足供应十万年。

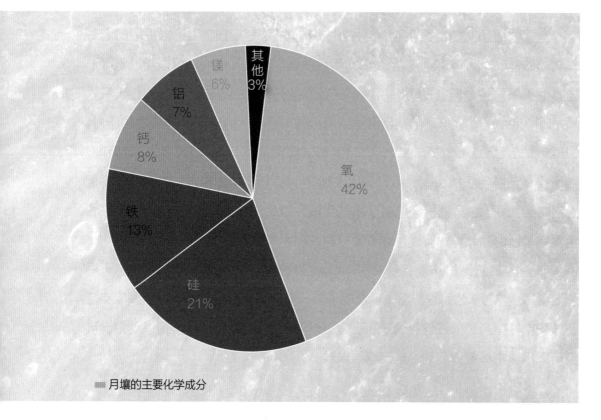

其他 3%
镁 6%
铝 7%
钙 8%
铁 13%
硅 21%
氧 42%

■ 月壤的主要化学成分

约 800 克氧气才能生存，所以 630 千克的氧可以让一个人生存两年多一点。假设月球表面风化层的平均深度大约是 10 米，我们可以从中提取所有的氧气，这意味着月球表面可提供的氧气足以供地球上 80 亿人使用大约 10 万年。

话虽如此，我们在地球上确实过得很好。我们应该尽我们所能来保护这个蓝色的星球，尤其是它的土壤——它持续支持着所有的陆地生物。

从月壤提取氧气需要大量的工业设备，我们需要通过加热先将固体金属转化成液体形式。我们在地球上有技术实现这个过程，但把这个装置移到月球，并提供足够的能量来运行它，将是一个巨大的挑战。

2021年5月，总部位于比利时的启动空间应用服务公司宣布，正在建造三个实验反应堆，以改善通过电解生产氧气的过程。他们希望到2025年将这项技术应用到月球，作为欧洲航天局就地资源利用任务的一部分。

2021年10月，澳大利亚航天局和美国国家航空航天局签署了一项协议，根据阿尔忒弥斯计划，向月球发射一艘澳大利亚制造的月球车，目标是收集月球岩石，最终为月球探测提供可呼吸的氧气。

■ 欧洲航天局设计的月球氧气提取设备

第二章

带你遨游南极

1

纵观南极整体特征

月球南极是整个太阳系中最引人注目的地方之一。对月球科学家和计划未来载人探索的工程师来说，月球南极这个区域很重要。人们可以进入南极－艾特肯盆地的高耸岩体，这些岩体中含有撞击融化物，这将使科学家们能够确定这个巨大盆地的年龄。永久笼罩在阴影中的陨石坑可能储存着冰和其他挥发性化合物，对于未来的探险者来说，这些物质是非常有价值的资源。此外，这些易挥发的沉积物可能包含一个无价的记录，可以追溯到太阳系的开始，这是天体生物学研究的一个重要的数据集。此外，在极点附近的一些山峰可以长时间照明，提供几乎恒定的太阳能，这将为永久月球基地的运行提供必要的能源。

从地形、地貌的角度看，这里可以说是月球各类地形"艺术"的荟萃之地。高耸的山峰陡直挺立，深不见底的陨石坑遍布极区，崎岖的表面斜率多变，来自太阳的光芒并不随处可见。

让我们一起看看月球南极的整体风貌，欣赏月球南极的独特风光。月球南极全图使我们了解到极区的整体特征；地形图使我们清晰地看到极区的特点；等高线使我们看到极区高度变化；地势斜率图则使我们对陡坡一目了然。

月球南极全图

下图是月球南极全图，从这幅高清晰度图中可看出南极的主要特征：陨石坑密集，南极点位于沙克尔顿陨石坑的坑壁上。三个中等的陨石坑——霍沃思陨石坑、舒梅克陨石坑、福斯蒂尼陨石坑斜排成一线，在"三星"的右上方横亘着一片高山。图中左下方颜色深蓝的区域，是月球最大的盆地——南极－艾特肯盆地。

月球南极的整体特征：

陨坑极为密集，

高山立于坑壁。

坑底极度严寒，

山顶阳光灿烂。

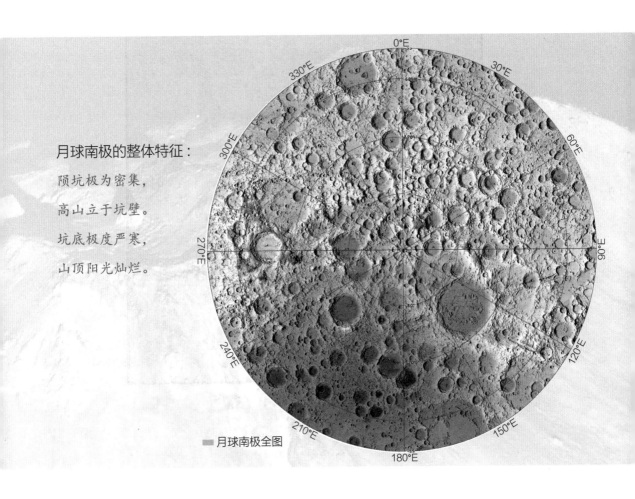

■ 月球南极全图

南纬 85° 至南极点的地形图

下图基于月球轨道器激光高度计（Lunar Orbiter Laser Altimeter, LOLA）发布的数据，以南极为中心，显示 85°S 到南极点之间的 LOLA 20 米高度特征。高度数据覆盖在太阳方位角为 45°W、太阳仰角为 45° 的派生山阴上。大于 10 平方千米的永久阴影区（Permanently Shadowed Regions, PSR）显示为灰色轮廓。

前面提到的斜着排成一线的三个陨石坑在这里清晰可见，分别是霍沃思陨石坑、舒梅克陨石坑和福斯蒂尼陨石坑。由此图可清晰地看出，月球南极的中心地带可谓山高坑深。

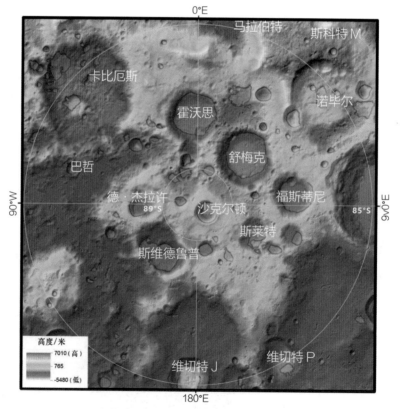

■ 月球南纬 85° 至南极点的地形图

南极山丘的等高线图

下图是基于 LOLA 收集的数据。该地图显示了 5 米高度特征。地图的范围显示了月球南极（位于沙克尔顿陨石坑的边缘）和南极脊。对高度数据应用了不对称的颜色拉伸，以突出该区域的地形差异。高度数据覆盖在派生的山体阴影上，太阳方位角为 45°W，太阳仰角为 45°。该地图包括间隔为 100 米的等高线，这些等高线是使用高度数据得出的。

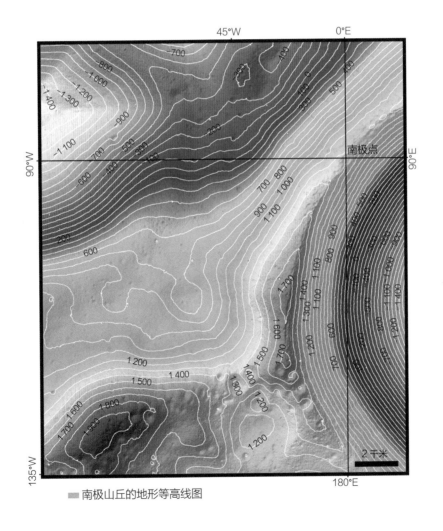

南极山丘的地形等高线图

南极地区的坡度

右图是基于 LOLA 收集的数据。该地图显示了源自 10 米高度特征的坡度。该地图涵盖了从 85°S 到沙克尔顿陨石坑边缘极点的区域。坡度数据覆盖在派生的山体阴影上，太阳方位角为 45°W，太阳仰角为 45°。

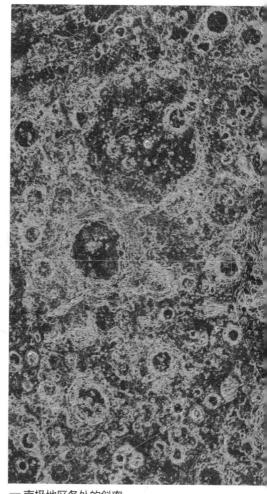

▦ 南极地区各处的斜率

红色斜率最大，蓝色斜率最小。

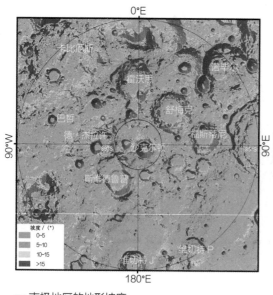

▦ 南极地区的地形坡度

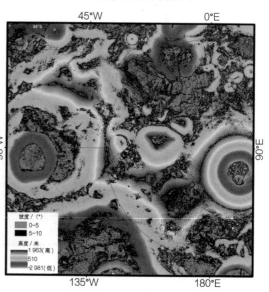

▦ 南极中心地势坡度和相对平坦的区域

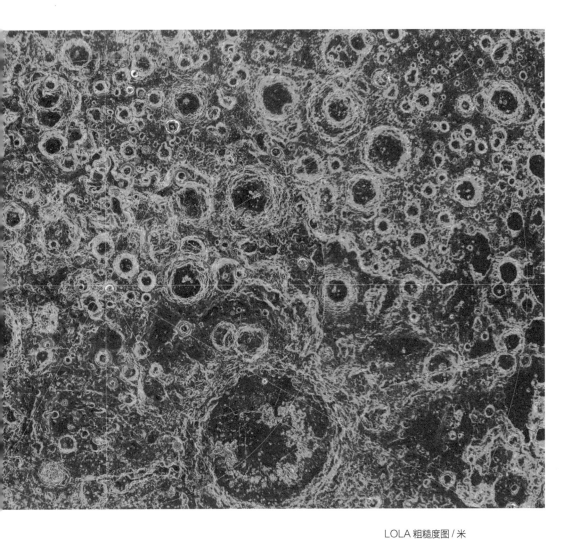

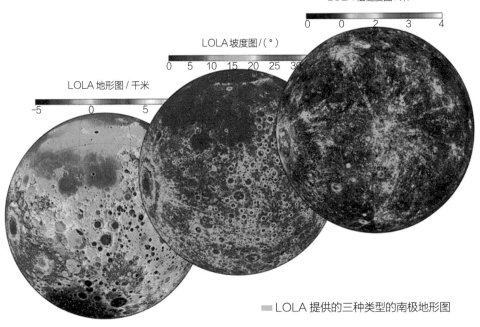

LOLA 粗糙度图 / 米

LOLA坡度图/(°)

LOLA 地形图 / 千米

LOLA 提供的三种类型的南极地形图

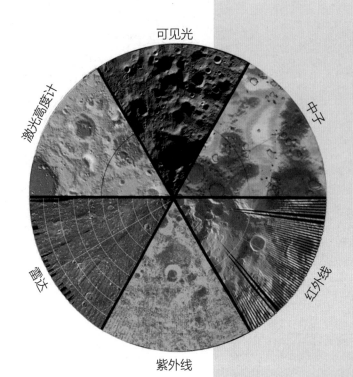

可见光

中子

激光高度计

红外线

雷达

紫外线

■■■ 月球南极多光谱图

六个谱段看南极，此处何等受重视。

陨石坑底储水冰，挥发物质甚出奇。

环形山顶永照区，光能全年可收集。

气温虽低温差小，这里适合建基地。

　　月球南极"人脸"是月球上
的一处特殊地形（位于 81.9°S，
39.27°E），由使用人脸识别技术的计
算机系统在月球勘测轨道器 (LRO)
的图像中自动检测到的。

■■■ 月球南极"人脸"

月球南极位于一个巨大的低洼地带，导致该地区的高度差为 16 千米。NASA 和 ESA 的团队对月球南极的图像和地形条件进行了仔细的分析，发现在南极点周围 15 千米内有少量被照亮的脊，它们每一个都很像一个不超过几百米宽的岛屿，着陆器可以获得近乎永久的照明（在月球冬天约 70%~90%，夏天几乎 100%[1]）。

马拉博特山脉地区在马拉博特陨石坑的边缘，距离月球南极点 122 千米。这里朝向地球的一面有高水平的照明。一项研究估计马拉博特山地区接收到充足阳光的时间为全天的 89%。后来的一项研究结合克莱门汀号的成像数据和月亮女神探测器的地形数据估计，2020 年只有 74% 的时间阳光充足。这项研究发现，沙克尔顿陨石坑的笔直山脊上相距仅约 8 千米的两点，在一个农历年中总共有约 94% 的时间被照亮。

月球勘测轨道器的数据显示，一些陨石坑的边缘在一年 94% 的时间被照亮。

---

[1] 月球的转轴倾角（对黄道）只有 1.54°，远小于地球的 23.44°。因此，太阳照射对月球季节变化的影响很小，而月球表面地形对季节变化有重要作用。

月球南极有特色，
陨坑上下分昼夜。
坑底富含挥发物，
阳光资源满山坡。

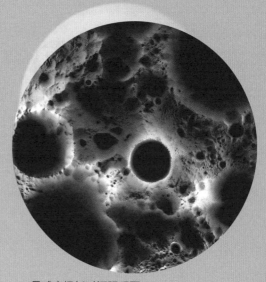

月球南极长时间照明图
沙克尔顿陨石坑位于大约中心处。

在日本月亮女神探测器拍摄的图像中，确定了月球南极上的 4 个点（下图中的 A 点、B 点、C 点和 D 点）。这些点在一年中超过 80% 的时间都能接收到光照。下图中的马拉博特山峰从地球上就可以看到。

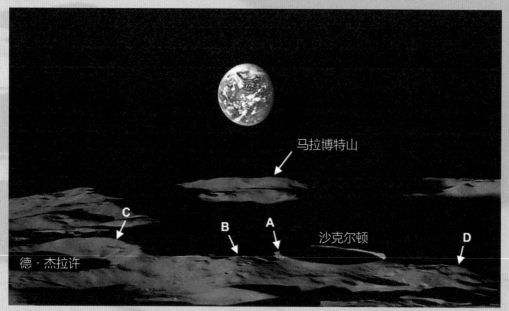

马拉博特山

C
B A 沙克尔顿
D

德·杰拉许

月亮女神探测器获得的南极日照图

南极特定点的照明条件

位置	月球坐标	2020年农历年光照比例/%	每个农历日的最低照度比例/%	每个农历日的最大照明比例/%	注释
沙克尔顿陨石坑脊（A点）	89.68°S，166.0°W	81	44	98	即使在最糟糕的农历日，最长的黑暗期约为7个地球日，最短的光照周期约为3个地球日
沙克尔顿陨石坑脊（B点）附近的山顶	89.44°S，141.8°W	82	56	100	在最糟糕的月球日，最长的黑暗期约为12个地球日，在月球夏季有4.5个月球日连续照明，而在8个月球日中只有4.5个地球日的总黑暗时间
在德·杰拉许陨石坑脊（C点）	88.71°S，68.7°W	85	64	98	最短的黑暗期仅为约6个地球日，随后是约7个地球日的间歇性光明和黑暗期
靠近沙克尔顿陨石坑山顶（D点）	88.79°S，124.5°E	86	58	100	5个农历日持续光照，约7个农历日照明，只有约2个地球日的黑暗期，约12个地球日的黑暗期，或在月球冬季接近黑暗期

结合起来，这些日照时间比较长的山峰仅占月球表面的大约 1 平方千米。这些狭窄的陨石坑边缘具有两个方面的重要价值。

首先，它们提供恒定的太阳能电力来源。这将使任何载人或无人月球设施减少发射质量和发射费用。

其次，它们可以作为射电望远镜的站点。在这样的位置建立射电天文台可以不间断地研究太阳，从而提高分析太阳数据的能力。

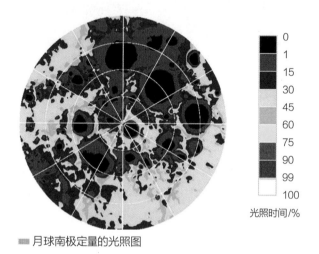

利用日本月亮女神探测器获得的数据，一些学者研究了月球南极地区日照条件随时间变化的规律。左侧这张定量的光照图，显示了 2020 年表面上一个点被光照的时间百分比。该图涵盖了从 86°S 到南极点的区域。

光照时间/%

■ 月球南极定量的光照图

光照时间也明显地随季节变化而变化，这里给出了夏季、秋季和冬季月球日的定量光照图。每张地图涵盖从 86°S 到南极点的区域。

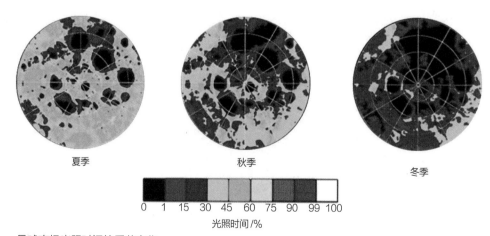

夏季　　　　　　秋季　　　　　　冬季

0　1　15　30　45　60　75　90　99　100
光照时间/%

■ 月球南极光照时间的季节变化

3

阴影区域深藏奥秘

由于月球的轴倾角很小，在极区的阳光几乎是平射，这使许多陨石坑的底部永远不受阳光照射，这些区域被称为永久阴影区。月球南极是科学家们特别感兴趣的地方，因为这里的阴影区远大于月球北极。月球南极陨石坑是含有早期太阳系化石记录的寒冷深窖。

永久阴影区是位于月球北极和南极附近的地区，从未直接被阳光照射过，因此非常冷（25~70 开尔文），导致水冰和其他挥发性物质（氨、甲烷等）可以在那里积累。如果在永久阴影区中确定了大量的挥发物，它们将对未来人类探索月球产生重要作用。

许多探月卫星都观测到了月球极区的永久阴影区，在这方面作出突出贡献的是LRO。LRO设计用于在米和100米尺度上表征有价值的区域。LRO重点关注的一个区域就是永久阴影区，虽然不能对阴影区内部成像，但其窄角相机可以通过长时间曝光获得有用的图像。窄角相机观测到的数据经过多次优化，在信噪比和像素尺度之间进行权衡，从而产生一个综合数据集。从2009年6月任务开始到2018年7月，共收集了6 108张具有一定信噪比的观测图片。对外展示的地图集由2 204张图片组成，相互重叠324个大于10平方千米的永久阴影区，范围从81°N/S到90°N/S。

在月球324个永久阴影区中，面积排名前三位的分别是位于舒梅克陨石坑、霍沃思陨石坑和福斯蒂尼陨石坑的永久阴影区。

▬ 3个面积最大的永久阴影区的情况

所在陨石坑	纬度/(°)	经度/(°)	永久阴影区面积/千米²	阴影区占所在陨石坑面积的比例/%
舒梅克	-88	45	1 075.52	95
霍沃思	-87	358	1 017.93	50
福斯蒂尼	-87	84	663.93	97

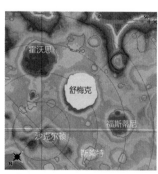
▬舒梅克阴永久影区

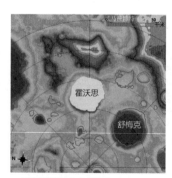
▬霍沃思阴永久影区

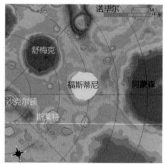
▬福斯蒂尼永久阴影区

下图基于 LOLA 发布的数据。以南极为中心，显示 85°S 到南极点之间的 20 米高度图像。高度数据覆盖在派生的山体阴影上，太阳方位角为 45°W，太阳仰角为 45°。大于 10 平方千米的永久阴影区显示为黑色。

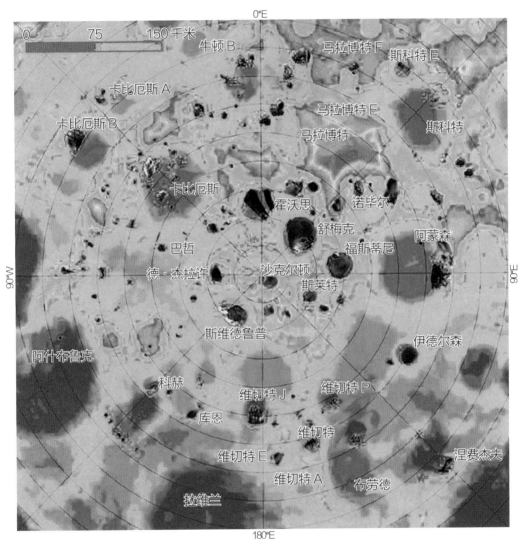

■ 月球南极永久阴影区

下图是由月球勘测轨道器提供的月球南极、月球北极阴影区的分布情况。对于南极而言，阴影区面积大约为南极总面积的 3%。

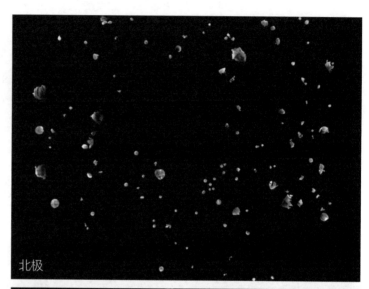

北极

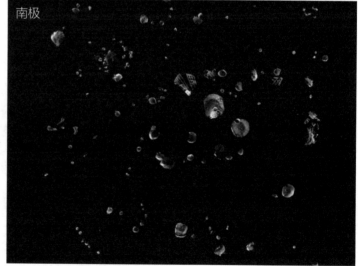

南极

阴影区域是宝地，
挥发之物数第一。
隐藏月球诸奥秘，
争先探索有好戏。

█ 月球南极和月球北极阴影区的比较

月球上没有显著的大气层，所以它不能调节日夜的温度，日夜温差很大，极热还是极冷取决于阳光照射的情况。

月球在 27.3 天内自转一周。在月球上，白天持续大约 14 天，然后是大约 14 天的黑夜。当阳光照射到月球表面时，温度可以达到 127 摄氏度。当太阳下降后，温度可以下降到 -173 摄氏度。

月球勘测轨道器上的"多通道太阳反射率和红外滤波辐射仪"（DIVINER，也被称为"预言家"）测量到，南极陨石坑的温度为 -238 摄氏度，北极陨石坑的温度为 -247 摄氏度。

这些超低温度都位于太阳系中测量到的最低温度区间之中。美国国家航空航天局的新视野号探测器测量到的冥王星的温度范围为 -240 摄氏度到 -217 摄氏度。

在月球上，由于极地地区的光照始终处于掠射角，因此地形在地表温度中起主导作用。地表和近地表热环境会随着时间和季节变化而变化，从而产生长期受季节性阴影影响的区域，并且比永久阴影区更广泛。

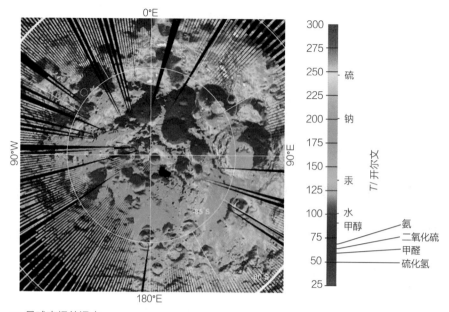

月球南极的温度

被冻结超过 10 亿年的陨石坑重点化合物的大概最高温度标注在右侧。

为何温度如此低，
不是太阳不理你。
长期与日捉迷藏，
一头钻到深坑底。

DIVINER 是月球勘测轨道器上的七台仪器之一，自 2009 年 7 月以来，一直在获取月球太阳光反射率和中红外辐射率值。这些辐射测量值提供了有关无气天体上的风化层如何与空间环境存储和交换热能的信息。风化层的热状态会对挥发物的运输和封存产生影响。在极地地区，那里的太阳光照永远处于高入射角，具有很大的科研价值，因为永久阴影区通常具有足够低的温度，可以作为水冰和其他挥发性物质的冷阱。近地表水冰的潜力使极地地区对原地勘探具有重要意义。在这些地区进行着陆和操作的任务规划，将需要了解极端热环境和光照条件。最初的月球勘测轨道器任务包括绘制永久阴影区的温度图、表征极地地区的光照条件和确定是否存在近地表水冰。

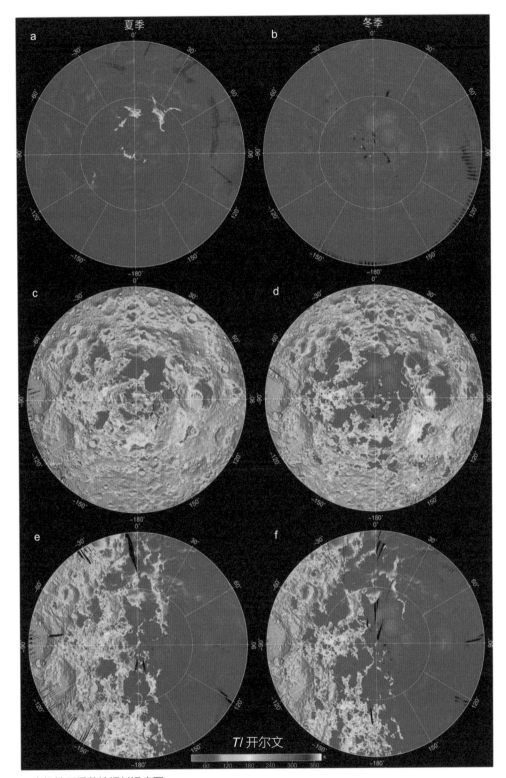

■ 南极地区季节性辐射温度图

　a. 夏季夜间温度；b. 冬季夜间温度；c. 夏季中午温度；d. 冬季中午温度；

　e. 夏季太阳下经度 –90° 至 –105° 温度；f. 冬季太阳下经度 –90° 至 –105° 温度。

　注：太阳下是指有太阳照射的情况下。

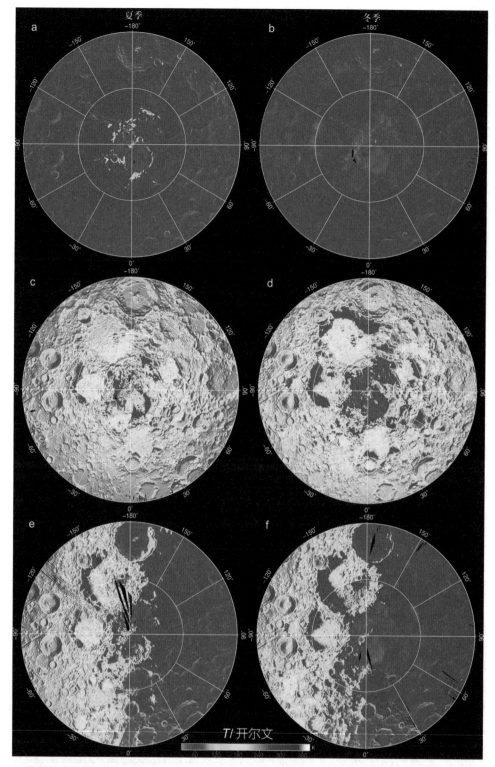

T/开尔文

■■ 北极地区季节性辐射温度图

a. 夏季夜间温度；b. 冬季夜间温度；c. 夏季中午温度；d. 冬季中午温度；

e. 夏季太阳下经度 −90°至 −105°温度；f. 冬季太阳下经度 −90°至 −105°温度。

极地温度图概述了最高、平均和最低季节温度，突出显示了当太阳下纬度高于或低于赤道时半年季节导致的温度变化。夏季最高气温显示了永久阴影区的范围。最高温度图上的黑色等高线突出显示低于110开尔文的区域，对应色标的冷温和暖温之间的断裂，以及水冰在真空中抵抗升华的稳定性的近似最高温度。升华速率取决于温度（它在110~120开尔文变化100倍），因此有效冷阱面积对冰结构和阈值选择的依赖性预计很小。南部永久低于110开尔文的温度包括80°S的$1.30×10^4$平方千米极地面积。海恩等人估计的纬度为82.5°S。在冬季，经历长时间阴影且低于110开尔文的区域扩大至$3.73×10^4$平方千米。这些季节性阴影区在夏季和冬季之间的最高温度变化超过100开尔文。

下图显示了夏季和冬季之间最高温度的差异，突出了季节性阴影区。北极地区永久低于110开尔文的区域范围小于南极，面积为$5.3×10^3$平方千米。然而，北极的季节差异较大，最高气温低于110开尔文的区域增加了4.3倍，面积为$2.28×10^4$平方千米。南极寒冷地区的范围较大在很大程度上是由于大陨石坑——福斯蒂尼陨石坑、舒梅克陨石坑、霍沃思陨石坑非常靠近南极。

■ 月球南极地区最高气温、平均气温和最低温度

　　a. 夏季最高温度；b. 冬季最高温度；c. 夏季平均温度；d. 冬季平均温度；

　　e. 夏季最低温度；f. 冬季最低温度。

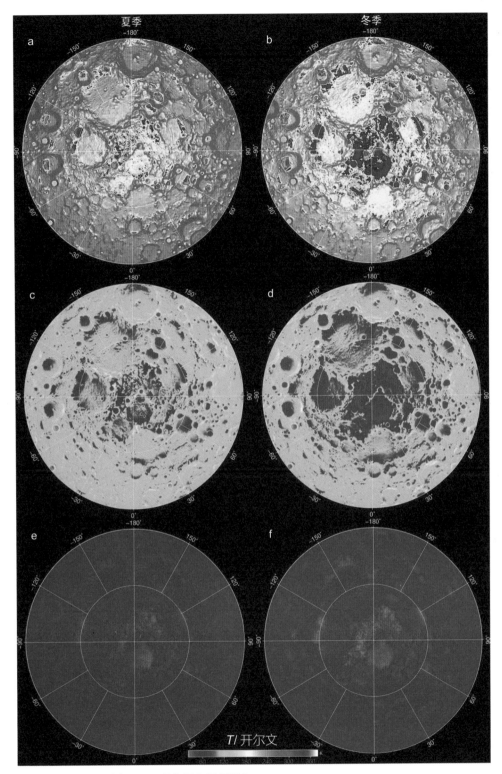

夏季　　　　　　　　　　　冬季

T/ 开尔文

■ 月球北极地区最高气温、平均气温和最低温度

　a. 夏季最高温度；b. 冬季最高温度；c. 夏季平均温度；d. 冬季平均温度；

　e. 夏季最低温度；f. 冬季最低温度。

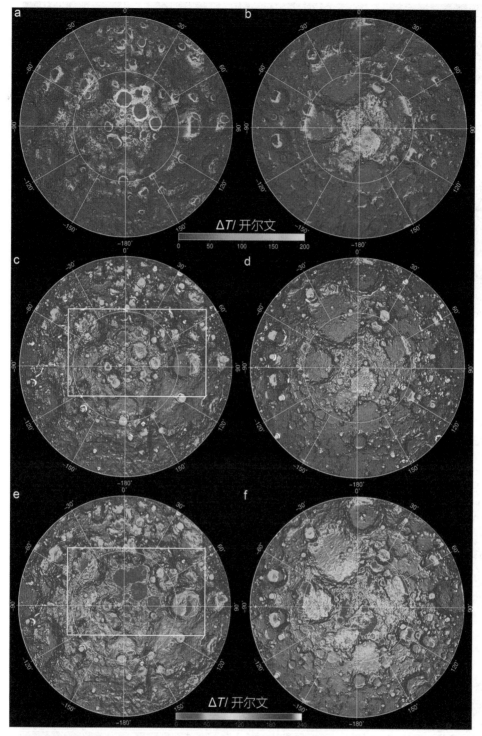

■ 月球南极和北极极端温度的差异

　　a. 南极地区夏季和冬季最高温度的差异；

　　b. 北极地区夏季和冬季最高温度的差异；

　　c. 南极夏季的极端温度幅度；d. 北极夏季的极端温度幅度；

　　e. 南极冬季极端温度的幅度；f. 北极冬季极端温度的幅度。

除了阴影区域的季节性变化，在永久阴影区内观察到的极端温度变化幅度，即最高和最低温度之间的差异，不同季节变化幅度有较大差异性。例如，福斯蒂尼陨石坑底部的温度在冬季变化为30~40开尔文，而夏季的范围为45~70开尔文。霍沃思陨石坑的底部是最冷的永久阴影区之一，其温度变化也较小：冬季20~30开尔文，夏季增加到30~45开尔文。近地表温度的幅度可能会对水分子扩散到地下产生影响，因为温度循环预计会沿着热梯度将冰向下推入风化层，风化层的热循环也可能对风化层孔隙度产生影响。大多数永久阴影区，例如，在霍沃思陨石坑、舒梅克陨石坑、福斯蒂尼陨石坑、阿蒙森陨石坑中的永久阴影区，在LRO的莱曼－阿尔法项目仪器（LAMP）观察到的远紫外区具有低表面反射率，这被解释为表面孔隙率显著增加的结果。这可能是由于永久阴影区相对非永久阴影区所经历的热幅度较小，风化层的热循环可能导致通过颗粒沉降压实。

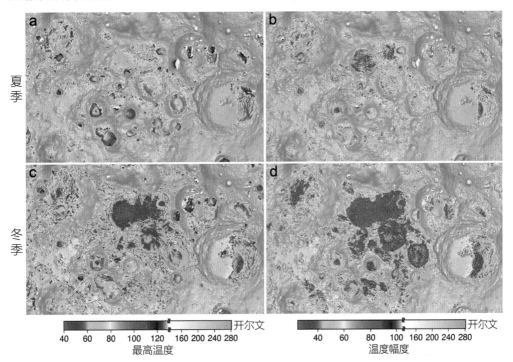

靠近月球南极的永久阴影区内的温度图

a. 夏季最高温度；　b. 夏季极端温度的幅度；

c. 冬季最高温度；　d. 冬季极端温度的幅度。

5

月球山脉撞击而成

地球上的大多数山脉是由板块碰撞和地壳弯曲，历经数百万年才形成的。但月球不是这样，月球山脉是由撞击产生的。当小行星或彗星以超过 16 千米 / 秒的速度（比高速子弹快 10 倍以上）撞击月表时，释放出大量能量，山脉在几分钟内就形成了。**难怪 "crater" 这个词除了译为陨石坑，也经常被翻译为环形山。**月球南极的山脉也是由撞击形成的，如果这些山脉的高度从陨石坑底部算起的话，那山脉是相当高的，而且非常陡峭。

■ 马拉博特山附近的地形

除了揭示月球表面不同点的高度，如地形高的马拉博特地块，LOLA 的数据还可用于对月球表面粗糙度进行分类，并模拟月球表面不同区域在给定时间内接收到的阳光量。通过这些模型，科学家们可以找到永远接收不到阳光的地方——通常被称为永久阴影区，以及那些经常被照亮的地方。

马拉博特山毗邻霍沃思陨石坑，两者之间的高度变化大于 8 千米，这非常接近珠穆朗玛峰的高度。

马拉博特山是依赖阳光的月球基地的最佳备选位置之一，山峰在月球全年的 93% 时间内能接收到全部或部分阳光，并且始终可以看到地球，方便进行地月直接通信。

莱布尼兹山是南极地区最高的山峰，它毗邻塞曼陨石坑，从陨石坑底到山顶的垂直落差接近 11 千米，比地球的珠穆朗玛峰还要高。

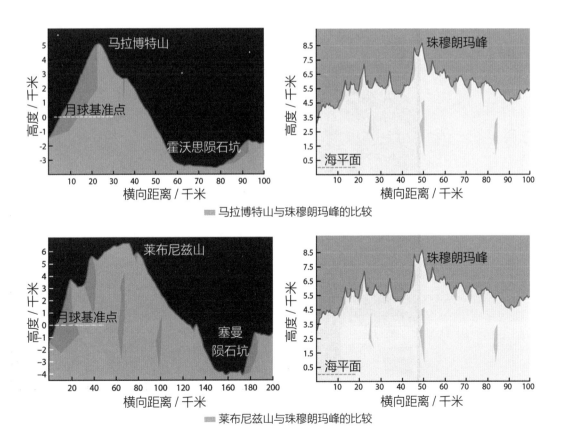

马拉博特山与珠穆朗玛峰的比较

莱布尼兹山与珠穆朗玛峰的比较

透视极区八大陨坑

月球的自转轴位于沙克尔顿陨石坑坑壁上。最接近月球南极的著名陨石坑包括沙克尔顿、舒梅克、霍沃思、诺毕尔、卡比厄斯、阿蒙森、斯维德鲁普和福斯蒂尼陨石坑。

■ 月球 80°S 至南极点的陨石坑

沙克尔顿陨石坑——最靠近极轴的陨石坑

沙克尔顿陨石坑（Shackleton Crater）是一个保存完好的碗状陨石坑，位于月球南极。陨石坑中心月面坐标为 89.67°S, 129.78°E, 直径 20.9 千米，深度约 4.2 千米。月球的自转轴点就位于沙克尔顿陨石坑内距中心点仅几千米处。沙克尔顿陨石坑的地面永远处于阴影中，但月球轨道器激光高度计显示其中含有巨石和低矮的山丘或小山丘，这些都是由陨石坑两侧的塌落物质形成的。沙克尔顿陨石坑寒冷的内部可能藏有水、冰和其他挥发物。如果暴露在太阳下，这些挥发物会迅速蒸发。相比之下，陨石坑边缘的一些点持续受到阳光照射，是安装太阳能电池板的理想场所。

沙克尔顿陨石坑的内部几乎没有直接的阳光照射，常年是一个冷阱。NASA 的 LRO 揭示了沙克尔顿陨石坑是一个古老的、保存良好的简单陨石坑，

▄▄ 沙克尔顿陨石坑的可视化（自然颜色）图像

其内壁比它的底部和边缘更年轻；同时发现了陨石坑底部可能存在少量冰的证据。通过使用 LRO 上的激光高度计，研究小组实质上是用激光照亮了陨石坑的内部，测量了它的反照率。科学家们发现，陨石坑的底部实际上比附近的其他陨石坑更亮——这一观察结果与冰的存在相一致。研究小组计算出，沙克尔顿陨石坑表面物质的 22% 可能由冰组成

除了可能存在冰的证据，该小组在沙克尔顿陨石坑的地图上还发现了一个保存完好的陨石坑。这个陨石坑自 30 多亿年前形成以来一直相对完好无损。陨石坑的底部本身有几个小陨石坑，这些陨石坑可能是形成沙克尔顿陨石坑碰撞的一部分。

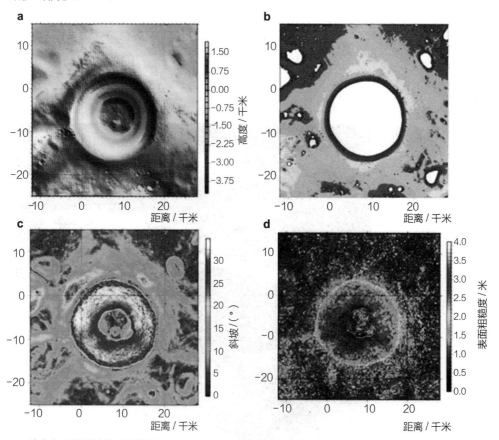

沙克尔顿陨石坑的主要特征

　　a. 以千米为单位的地形；　　　　b. 照明时间百分比；
　　c. 10 米基线坡度，以度为单位；　d. 表面粗糙度，单位为米。
　　地形、坡度和粗糙度基于所有可用 LOLA 剖面的 10 米空间分辨率网格。

在图 a~d 中，横轴和纵轴表示空间尺度。其中，（0，0）是月球南极点，色标表示绘制量的大小。b 中的白色区域对应零照明。

该陨石坑以地球南极探险家欧内斯特·沙克尔顿（Ernest Shackleton）的名字命名。沙克尔顿参加了 4 次前往南极地区的航行，其中一次到达了南极。尤其是他 1914 年的航行，那次探险他们试图步行穿越南极大陆。沙克尔顿带着 28 名船员，带着一艘恰如其分地命名为"耐力"号的船接近了南极大陆，但浮冰包围了这艘船，最终船沉没了。这些人花了几个月的时间在冰冻的海洋上露营，直到最后乘坐 3 艘打捞救生艇才逃离冰层，来到南极半岛附近的小象岛。沙克尔顿随后与 5 名船员一起乘坐当时最大的救生艇起航，在风暴和严寒中航行超过 1 200 千米寻求帮助。得到援助后，沙克尔顿立即安排营救仍在小象岛等待的一行人，最终全员获救。

下图显示了沙克尔顿坑底地形的更详细视图，其中突出显示了不规则分布的沉积物和许多小陨石坑。最大的物质堆具有约 210 米的起伏，任何地面沉积物的最高局部坡度约为 25°。地表的两个区域显示了由材料组成的扇形结构，这些材料以这种大小范围内的陨石坑中常见的方式从内壁沿斜坡向下输送。陨石坑底部边缘有限的扇形物质，再加上沉积物的不对称分布和坡度特性，表明对填充的主要贡献是喷射物回落，其次是塌陷壁沉积物。

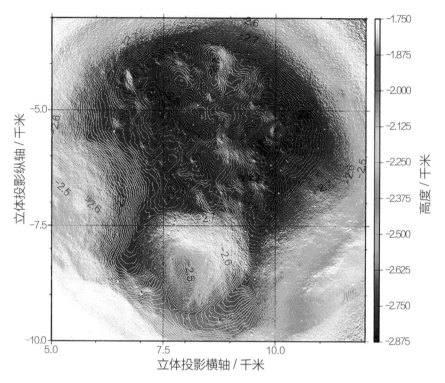

■ 沙克尔顿陨石坑地表立体投影高分辨率高度图
高度以 5 米的间隔绘制轮廓，横轴、纵轴表示空间尺度。

舒梅克陨石坑

舒梅克陨石坑 (Shoemaker crater) 是位于月球南极附近的一个月球撞击坑，中心坐标为 88.1°S，44.9°E，直径 50.9 千米，深 2.5 千米。陨石坑的边缘是圆形的，磨损严重，内壁上有一些小坑。由于缺乏照明（这是一个永久黑暗的陨石坑），坑内底部表面的反照率仍然未知。

这个陨石坑引起了科学家们的兴趣，因为月球勘探者用中子谱仪在这个陨石坑和附近其他陨石坑的底部探测到了异常高浓度的氢。

这个陨石坑的底部一直处于太阳的阴影中，温度保持在 100 开尔文（-173.15 摄氏度）以下。因此，陨石坑的底部形成了一个冷阱，任何由于彗星撞击而进入陨石坑的水分子都可能沉积在陨石坑底部，并几乎永久地留在那里。月球勘探者上的仪器给出的氢浓度约为 $1.46×10^{-4}$，而月球表面的平均浓度为 $5×10^{-5}$。

霍沃思陨石坑

霍沃思陨石坑（Haworth Crater）是位于月球正面南极的一座大陨石坑。该陨石坑中心月面坐标为 87.45°S，5.17°W，直径 51.4 千米，深度 2.4 千米。霍沃思陨石坑外观呈五边形状，坑壁已严重损毁。北侧坑壁连接着巍峨的马拉博特山。由于临近月球南极，它几乎永久笼罩在黑暗中，即使太空中卫星拍摄的照片也不能显示其真容。因此，该陨石坑的地形只能通过雷达测量来确定。估计坑底温度恒定在 100 开尔文左右。

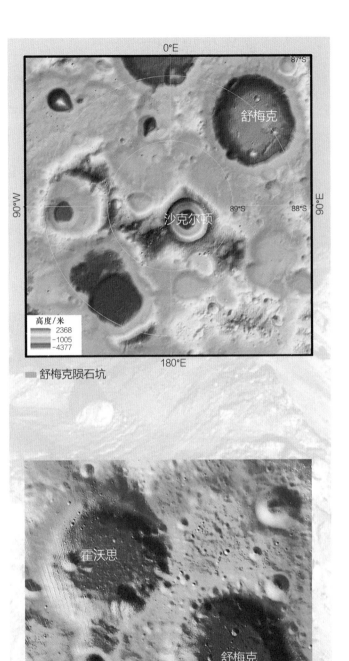

■ 舒梅克陨石坑

■ 霍沃思陨石坑

诺毕尔陨石坑

诺毕尔陨石坑（Nobile Crater）中心月面坐标为 85.28°S, 53.27°E，直径 79.3 千米，深度 3.74 千米。陨石坑的外观不太规则，坑壁受侵蚀和磨损程度中等，南北两侧壁上各横跨了一座小撞击坑，东侧则重叠着阿蒙森陨石坑的外侧壁。陨石坑内侧壁宽阔平缓，南侧壁面相对更平坦。坑壁高出周边地形 1 310 米，内部容积约 4 800 立方千米。碗状的坑底崎岖不平，表面散布了一些小陨石坑。最醒目的是靠西侧内壁一座尺寸相当于环形山直径一半的撞击坑，而中央区域则有一座占地较大的低矮穹丘。坑底大部分区域全天都被黑暗笼罩着，表面上可能覆盖有水冰。

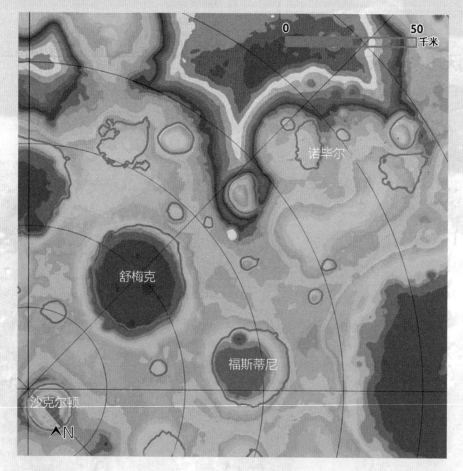

■ 诺毕尔陨石坑

美国国家航空航天局已经决定，未来发射的挥发物调查极地探测车（VIPER）将在诺毕尔陨石坑的西部边缘外着陆。

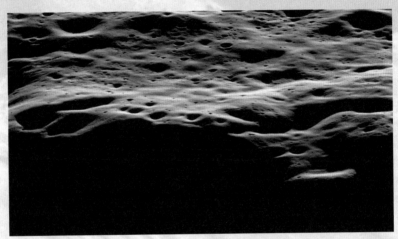

■ 诺毕尔陨石坑西南部的山区

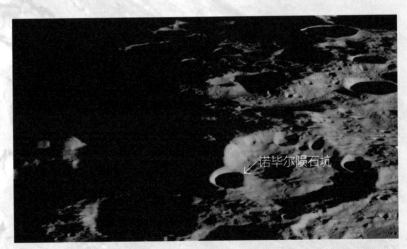

■ 诺毕尔陨石坑周围的地形

卡比厄斯陨石坑

　　卡比厄斯陨石坑（Cabeus Crater）是月球正面距南极点约 100
千米的一座陨石坑。该陨石坑中心月面坐标为 85.33°S，42.13°W，
直径 100.58 千米，深度 2.86 千米。从地球上只能斜看到卡比厄斯陨
石坑，它几乎一直处于没有阳光的深暗阴影中。陨石坑大部分地区
每个月球日平均只有 1/4 的时间能接收到阳光，内侧壁约为 1/3 的时
间，而坑底西部则处于永久黑夜中。因此，即使月球轨道上的探测
器也无法看到它更多的细节。该陨石坑外观呈多边形状，因存续时
间长而被后续的撞击严重侵蚀，坑壁已磨损且参差不齐，部分地区
则完全消失。陨石坑的边缘坐落着许多不同尺寸的撞击坑，只有南
北两侧坑壁保存得相对较完整。陨石坑内侧壁坡度约为 10°~15°，坑
内表面崎岖不平，靠西南偏南内壁处坐落着一座直径 10~11 千米的
小陨石坑，坑底中央伸展着一道小山脊。

　　卡比厄斯陨石坑的极南纬度意味着大部分底部都处于永久阴影
区。研究人员意识到，这些地区异常寒冷，可能是水冰积聚的地方。
1998—1999 年，NASA 月球勘探者上的中子谱仪的测量结果支持

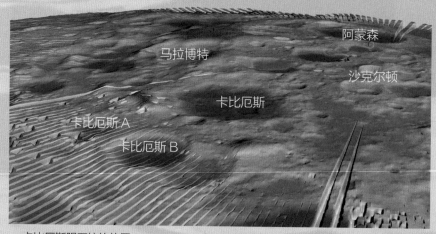

■ 卡比厄斯陨石坑的位置

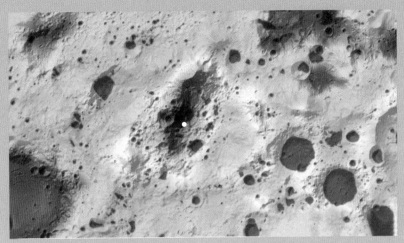

卡比厄斯陨石坑附近的地形
白色圆圈为半人马座撞击的地点。

了这一点。中子谱仪检测到卡比厄斯陨石坑和两极附近其他位置的氢浓度，但无法具体说明氢的形式。

月球陨石坑观测和传感卫星（Lunar Crater Observation and Sensing Satellite, LCROSS）旨在回答这个问题。它于2009年6月18日与LRO一起搭乘宇宙神5号运载火箭发射。LCROSS在宇宙神5号运载火箭飞越月球并绕入高度倾斜的轨道时，抓住了宇宙神5号运载火箭的巨大半人马座上面级。2009年10月9日，LCROSS和半人马座在向月球南极急剧俯冲时分离。计划是让重达2吨的半人马座上面级以9 000千米/时的速度前进，猛烈撞击卡比厄斯陨石坑的一个永久阴影区域，将数百吨月球物质从地面上炸开，脱离阴影，并进入月球的天空。LCROSS将潜入碎片羽流中，分析其是否存在水冰。这个大胆的计划奏效了，LCROSS检测到羽流中的水的质量百分比为（5.6±2.9）%。

阿蒙森陨石坑

阿蒙森陨石坑（Amundsen Crater）是月球正面南极区一座巨大的撞击坑，形成于 39.2 亿 ~38.5 亿年前的酒海纪 [1]。该陨石坑中心月面坐标为 84.44°S，83.07°E，直径 103.39 千米，深度 2.87 千米。阿蒙森陨石坑拥有 82 平方千米的二氧化碳冷阱，温度保持在 60 开尔文以下，可能含有固体二氧化碳。这些地区可能是未来登陆任务的高优先级目标地点。

阿蒙森陨石坑是典型的月球复合体陨石坑。这个陨石坑拥有一个非常广泛（67 千米×60 千米）和平坦 [平均 60 米基线坡度为（5.3±5.0）°] 的地面地形，这足以容纳一个着陆椭圆来执行着陆任务。在陨石坑中心可观察到一个大小为 25 千米 ×16 千米的中央山峰结构。这个中央山峰结构由 4 个主要山峰组成，呈

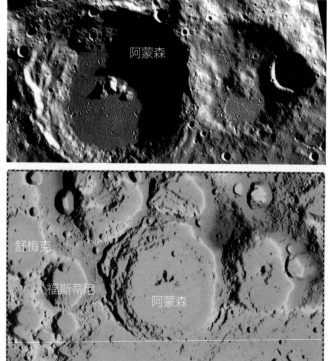

■ 阿蒙森陨石坑

---

❶ 月球的地质年代分为五个时期：前酒海纪、酒海纪、雨海纪、爱拉托逊纪和哥白尼纪。

弓形排列。这些中央山峰距月面的高度为 0.6~1.2 千米。

从未来就地探测和取样返回探测的角度考虑，阿蒙森陨石坑可能是最有利于实现科学目标的区域。

阿蒙森陨石坑大约 9% 的内部处于永久阴影区，永久阴影区是非常冷的，但周围是温暖的地区，大部分都是有阳光的。区域内地质特征多样，包括陨石坑底部材料（熔体或火山岩）、陨石坑壁、从陨石坑壁或边缘高处向下倾斜的壁，以及中心峰物质，它还包含许多不同程度退化的较小的陨石坑。

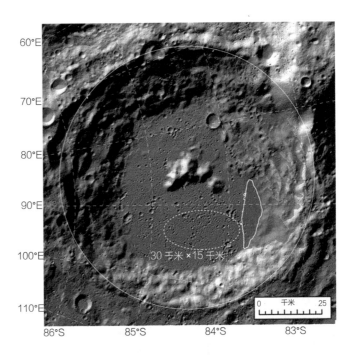

■ 阿蒙森陨石坑内部特征
细白色圈圈是绘制的阿蒙森的边缘顶部位置，蓝色斑块区域是永久阴影区，白色粗体多边形勾画出了位于北面底部边缘的 132 平方千米的永久阴影平面区域，虚线椭圆标记了一个 30 千米 ×15 千米的着陆椭圆。

下图中标出的 A 点和 B 点可作为预选着陆点。在 A 点，氢的含量是（110~123）×10⁻⁶，适合航行的斜坡小于 15°，温度范围是 23~100 开尔文，平均温度是 40~50 开尔文。在 B 点，氢的含量是（98~125）×10⁻⁶，适合航行的斜坡小于 6°，温度范围是 23~239 开尔文，平均温度是 37~73 开尔文。这两个着陆点提供了通往永久阴影区内各站的通道，同时提供了一个位于照明地区的行动基地。未来，人们能够在阳光充足的地区和邻近的永久阴影区建立观测站。

总之，阿蒙森陨石坑是研究月球挥发物的主要区域。无论是从科学角度，还是从任务规划的角度，它的地质多样性、高的氢丰度、靠近温暖日区的冷永久阴影区及整体的可达性，使它成为未来月球任务中一个吸引人的目标。这与沙克尔顿陨石坑有限的科学机会形成了鲜明的对比，沙克尔顿陨石坑的岩壁更陡，地质条件更简单，内部完全处于永久阴影区。

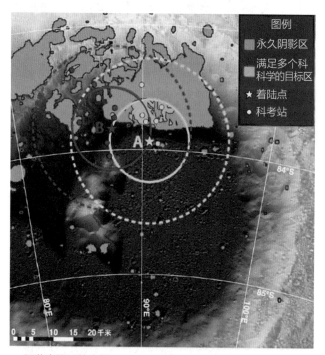

阿蒙森陨石坑内部
永久阴影区（深蓝色）；可实现多项科学目标的区域（浅蓝色）、建议的着陆点（五星）和科考站（圆圈），距着陆点 10 千米和 20 千米的半径分别用实线和虚线表示。

斯维德鲁普陨石坑

斯维德鲁普陨石坑（Sverdrup Crater）中心月面坐标为 88.32°S，153.39°W，直径 32.8 千米，深度 2.1 千米。它位于月球背面，内部被永久的黑暗所掩盖，因此无法使用摄影来绘制地图。

该陨石坑外观大致呈圆形，坑壁磨损程度中等，沿内外侧壁显示覆盖有数座小撞击坑，部分边缘受相邻结构的撞击而有所改变。坑壁高出周边地形 970 米，坑底属于阳光永远照射不到的永久阴影区。

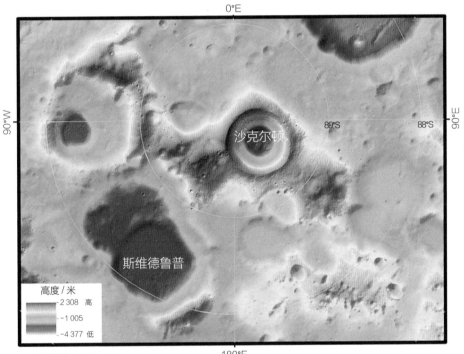

高度 / 米
2 308 高
-1 005
-4 377 低

▓ 斯维德鲁普陨石坑

福斯蒂尼陨石坑

福斯蒂尼陨石坑（Faustini Crater）是位于月球正面南极的一座大撞击坑。该陨石坑中心月面坐标为 87.18°S，84.31°E，直径 42.48 千米，深度 2.23 千米。

福斯蒂尼陨石坑外观呈圆形，坑壁已明显磨损，最高高出周边月表 1 050 米，坑底北部坐落着马林金陨石坑。由于靠近南极，太阳光只能平射到它的坑沿，坑内则处于永久黑暗中，连轨道器也无法看清它的内部，因此，只能通过雷达测量数据大致绘出其坑底地形。由于光照不足，该陨石坑底表面温度恒定在 100 开尔文以下，如此寒冷的温度足以困住任何随撞击月球的彗星一起抵达这里的水分子。月球勘探者携带的中子谱仪在该陨石坑内部检测到了高浓度氢的存在。相对于月表水平，福斯蒂尼陨石坑冷阱中曾被确认为拥有高浓度的氢，然而，雷达并未在该陨石坑中检测到冰的存在。

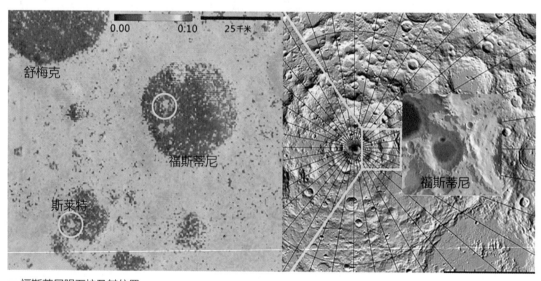

■■■ 福斯蒂尼陨石坑及其位置

7

极区水冰含量丰富

在极地地区最黑暗和最寒冷的地方，一组科学家直接观察到了月球表面存在水冰的确切证据。这些冰层分布不均，可能是古老的。在南极，大部分冰集中在月球陨石坑处；而北极的冰更广泛，但分布稀疏。

印度空间研究组织（ISRO）于 2008 年发射的月船 1 号宇宙飞船上携带的 NASA 的月球矿物学测绘仪（Moon Mineralogy Mapper, M3），可以确认月球上存在固体冰。它收集的数据不但获得了我们对冰的预期反射特性，而且能够直接测量其分子吸收红外光的独特方式，因此它可以区分液态水、蒸气和固态冰。

大多数新发现的水冰位于两极附近陨石坑的阴影中，那里最高的温度永远不会超过－157 摄氏度。由于月球自转轴的倾斜角非常小，阳光永远不会到达这些区域。

如果月球表面有足够多的冰——在顶部以下几毫米以内——那么水就可能会成为未来月球探险甚至登陆月球的重要资源，并且可能比在月球表面下探测到的水更容易获得。

2022 年 5 月，《伊卡洛斯》（*Icarus*）杂志发表了一篇关于月球南极水冰含量的文章，题目是"月球永久阴影区的资源潜力"。这篇文章强调了几项内容：①确定了 8 个具有最高资源潜力的永久阴影区，即福斯蒂尼、卡比厄斯、德·杰拉许、舒梅克、霍沃思、斯维德鲁普、斯莱特和阿蒙森永久阴影区。②福斯蒂尼永久阴影区显示出最强的水冰迹象。③估计霍沃思陨石坑的表面霜冻吨位最大。④估计卡比厄斯陨石坑的地下氢矿床吨位最大。⑤估计地下冰层在空间上比霜冻更广泛。

目前，人类已经通过多种探测方法证实月球的极区确实存在水冰，并初步估计南北两极各含有 100 多亿吨的水冰，水冰的分布如右图所示。

当我们努力探索最近的邻居——月球时，我们需要更多地了解这里是否含有水、这些水是如何到达这里的，以及它们如何与月球环境相互作用。这将是未来人们关注的重点。

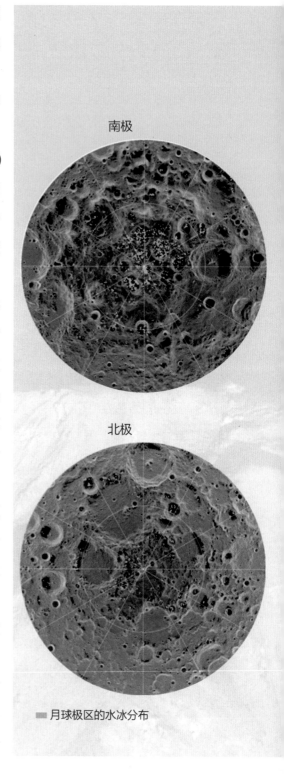

南极

北极

■月球极区的水冰分布

全球关注挥发之物

长期以来，月球的极地地区一直被认为是太阳系挥发物的一个冷阱，这是永久阴影区的低温造成的。人们早就知道，月球两极附近的永久阴影区足够冷，可以储存进入它们的挥发物。被困在那里的挥发物之所以具有价值，是因为它们不仅记录了在月球地质演化过程中从月球内部释放出来的挥发物，还记录了来自太阳风、宇宙尘埃和彗星的成分。因此，冷阱中的挥发物记录了月球的演化、太阳的历史，以及在过去几十亿年中进入太阳系内部的彗星的性质。

在月球科学界，挥发物被定义为在较低温下就变得不稳定，以蒸发、升华或其他方式流通的化学元素和化合物。月球挥发性元素可分为两类：蒸发型和太阳风注入型。后一组包括氢、碳、氮和稀有气体（氦、氖、氩、氪、氙）。尽管注入过程在月球全球范围内是均匀的，但由于"冷捕获"，太阳风注入的挥发性物质最有可能在月球两极的永久阴影区中被发现。

极地挥发性沉积物包含月球和太阳系内部挥发性历史的记录。我们目前的知识仅限于知道挥发物以某种形式存在于月球极地地区，了解极区挥发物的下一个阶段是确定其种类及其形态和分布（水平和垂直）。

对南极挥发物的研究将是南极探索的重中之重。

第三章

月球南极找水

1

克莱门汀南极找水

1994 年，美国国防部发射了一颗探月卫星，叫作"克莱门汀号"，这个时期是探月的恢复期。

克莱门汀号是美国国防部的探月任务，是弹道导弹防御组织（BMDO）和美国国家航空航天局的一个联合项目，目的是演示新技术，特别是在空间环境下长期暴露的传感器和航天器组件，并对月球和近地小行星 1620（地理星）进行科学观察。

观测包括各种波长的成像，如紫外成像和红外成像，激光测距测高及带电粒子测量。这些观测最初是为了评估月球和地理星的表面矿物学特征，获得 ±60°纬度的月球表面高度，以及地理星的大小、形状、旋转特性、表面属性和陨石坑的情况。

尽管克莱门汀号卫星没有携带任何专门用来观测月球永久阴影区的仪器，但在这次任务中，科学家增加了一个简单的无线电绘图实验，以验证这些区域可能存在水冰沉积物的假设。

　　这个实验利用克莱门汀号卫星上的无线电发射设备，在月球的两极地区寻找永久阴影区陨石坑中有冰的证据。基本方法是让航天器向目标体的某一点发射无线电信号，这些信号被目标体反射，并在地球上被接收，接收到的反射波的性质可以提供目标表面的信息。

■克莱门汀号卫星

　　在第二个月的制图中，克莱门汀号卫星的天线直接指向月球的极点，将连续的射频波传送到极区。在此期间，位于地面的深空通信网70米碟形天线接收回波。

　　通过该实验，美国国防部向全世界宣布，卫星在月球陨石坑中发现了水，南北极的水含量相当于一个大湖。

　　这可是一个震惊全世界的消息。如果这个消息确实可信，那么将来人类在月球上进行探索时，就不用为水发愁了。就在美国国防部沉浸在发现水的喜悦中时，一些科学家提出了不同意见。他们说，对比你们公布的雷达回波数据，在没有阴影的赤道地区也发现了有水的回波，而这些地区是不可能有水冰的。言下之意，你们的结论不太可信。

国防部一听就愣了，怎么，连这样确切的数据你们都不相信？可国防部又拿不出有力的证据来反驳这些科学家，于是，这个发现就暂时被搁置起来。

尽管克莱门汀号卫星没有直接证实月球有水冰存在，但也取得了一些重大进展。根据雷达的观测数据计算，在月球北纬 78° 以北的区域，832 个陨石坑底部有永久阴影，阴影总面积 7 500 平方千米；在南纬 78° 以南的区域，547 个陨石坑底部有永久阴影，阴影总面积 6 500 平方千米。以后若有机会，可以进一步对这些陨石坑进行深入的观测。

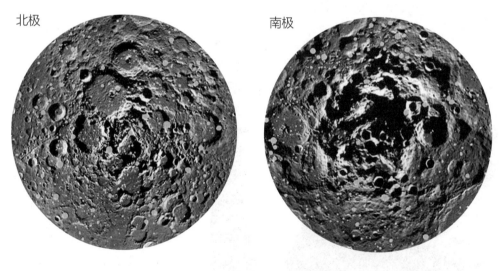

北极　　　　　　　　　　　南极

■ 月球极区的永久阴影区（黄色）

后来情况又怎么样了呢？美国国家航空航天局对在月球上找水的事儿一直不死心。"既然你们对我的方法产生了疑问，那好，我采用新的方法。"于是，在1998年1月7日美国国家航空航天局又发射了一颗新的卫星，叫作"月球勘探者"（Lunar Prospector）。

这颗卫星不完全是为了找水，还携带了探测月球的其他仪器。其中找水的仪器叫中子谱仪，这种仪器不能直接测量水的含量，但能测量月球表面氢的分布情况。因为水是由氢和氧构成的，所以有了氢就可以间接地说明，这个地区可能含有水。

探测结果让美国国家航空航天局喜出望外，在南极陨石坑中果然发现了水，而且水冰含量高达30亿吨。这太令人兴奋了，以后登陆月球不用犯愁没水喝了。

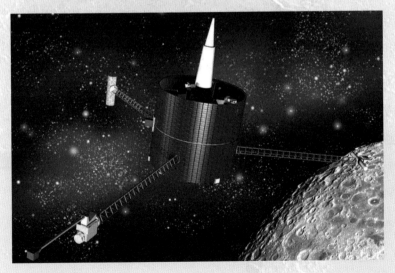

■ 月球勘探者

正当美国国家航空航天局为发现大量水冰而喜出望外时，又有一些科学家站出来说怪话：直接探测到的是氢，有氢就一定有水吗？

"这些科学家也太挑剔了，我提供那么充分的证据你都不相信，看来我得拿出绝招了。"什么绝招呢？就是让月球勘探者完成探测任务后，一头撞到指定的陨石坑底。如果这些坑底含有水冰，肯定就会溅起大量的水蒸气，就可以说明有水了。

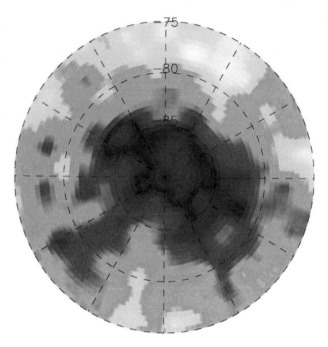

■ 月球勘探者的测量结果
中心是南极极区，在深蓝色区域氢的含量最高。

1999 年 7 月 31 日，月球勘探者以约 1.7 千米／秒的速度撞击到南极附近的舒梅克陨石坑。科学家指望它能撞出水蒸气。但撞击以后，科学家既没有观测到水蒸气，也没有观测到任何烟尘。

是月球上根本就没有水，还是卫星撞击的地方没有水？在一次新闻发布会上，美国国家航空航天局对这次撞击给出了几点解释。

■ 预定撞击位置——舒梅克陨石坑

■■■月球勘探者正向月球表面飞去

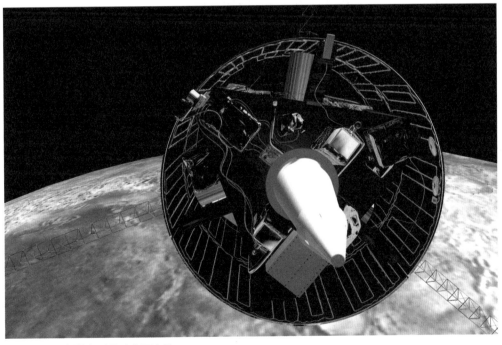

■■■月球勘探者撞击到月球表面之前

══月球勘探者即将撞击到月球表面

美国国家航空航天局新闻发布会

记者： 请问发言人，此前 NASA 已经明确宣布，月球南极陨石坑含有大量的水冰，但为什么这次撞击一无所获？

发言人： 一种可能是，卫星没有撞击到指定的陨石坑，这颗卫星白白地牺牲了，所以没得到任何有用的结果；另一种可能是，卫星撞到了目标地点的岩石或干燥土壤。

■■■ 卡通图：卫星撞击到陨石坑附近的山包上

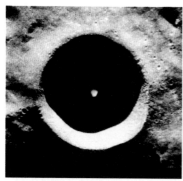 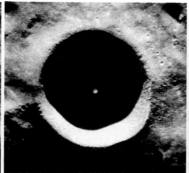 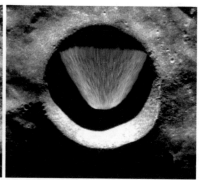

■ 卡通图：深深的陨石坑，撞起的 烟尘没有露出陨石坑

■ 卡通图：陨石坑有微量水冰，撞 击后没产生烟尘

■ 卡通图：陨石坑冒出烟尘，但地面的 望远镜指向其他地方

记者： 撞击过程是 NASA 精心安排的，为什么会出现这么大的失误？

发言人： 我方才说的仅仅是一种猜测，卫星也可能撞击到了指定的陨石坑，不过水没那么多，水和其他物质可能没有升到撞击坑的上方，或以其他方式远离了望远镜的视野。

记者： 您认为陨石坑到底有没有水？如果有水，为什么撞击后没有产生水蒸气？

发言人： 还是有水的，但没那么多。水分子可能以水合矿物的形式牢固地结合在岩石中，而不是以游离冰晶的形式存在，并且撞击缺乏足够的能量来将水与水合矿物分离。

记者： 是否有这种可能，观测事件的望远镜没有指向受撞击的陨石坑？

发言人： 完全有这种可能。用于观察撞击的望远镜，其视野非常小，可能没有正确指向受撞击的陨石坑。不但地面的望远镜没有正确地指向目标，而且在太空的望远镜的指向也不准确。

记者： NASA 那么自信有水冰，但这次撞击没有获得任何证据，难道你们就从来没有怀疑过，陨石坑底根本就没有水冰吗？

发言人： 说句实话，我们也不能完全排除这种可能性，即陨石坑中根本没有水冰。卫星以前探测到的氢可能并没有构成水，而是纯粹的氢。

美国这次兴师动众地在月球极区找水，结果还是竹篮子打水一场空。但 NASA 不甘心失败，又制订了新的探测计划，非要在月球极区找到水不可。

▇▇ 卡通图：陨石坑底没有水冰的迹象

3

月球勘测轨道器的成果

要讲 LRO，我们首先介绍这颗月球探测卫星产生的背景。

2001 年，小布什开始担任美国总统。他上台以后，在航天领域提出了美国重返月球的计划。这个计划包括在新形势下开展载人登月，并逐步建立月球基地。为实现这个目标，美国首先发射了这颗打前站的卫星，目标如下：

（1）获得全月面的 3D 地形图；

（2）测量月球的辐射环境，以便制定辐射防护措施；

（3）对月球极地，包括有可能沉积水冰的一些永久阴影区进行测量，目的是寻找极区挥发物；

（4）对重点地区进行高分辨率测绘（最高空间分辨率为 0.5 米），识别地形起伏状况，包括斜坡的坡度，以帮助选择登月点，因为这些因素对安全着陆都有影响。

■ 月球勘测轨道器

LRO 于 2009 年 6 月 18 日发射，6 月 23 日进入环绕月球的轨道。初始轨道高度为 50 千米，后来改为近月点 20 千米、远月点 165 千米的椭圆轨道，其目的是更精确地收集南极地区的各种数据。

为了实现设计的目标，LRO 携带了 6 种仪器，其中有 4 种是直接与找水有关的。

第一种仪器是中子探测器，用于确定极区陨石坑中氢的含量。如果氢的含量多，就说明该地区含水量高。仪器测量的时间是从 2009 年 7 月到 2012 年 6 月。

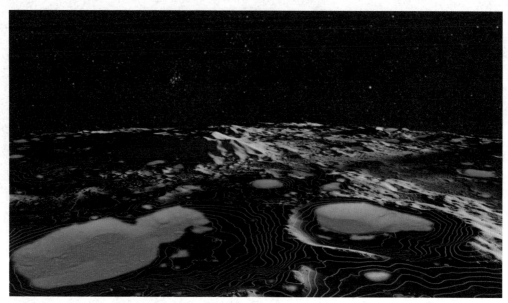

▰▰ 利用激光高度计和温度测量仪器绘制的极区永久阴影区

图中含有等高线，可以知道不同陨石坑的深度。

　　第二种仪器是激光高度计，用这种仪器可以确定有阴影陨石坑的形状和深度。在这个过程中，还利用了温度测量仪器。

　　第三种仪器是迷你合成孔径雷达，可用于测量陨石坑内冰的含量。根据迷你合成孔径雷达从 2009 年 12 月到 2010 年 6 月的观测结果，南极沙克尔顿陨石坑内水冰的含量按质量计算，多达 5%~10%。

　　第四种仪器是温度测量仪器，利用这种仪器和激光高度计得到的数据显示，在极区表面可能存在水冰。

　　结合这 4 种仪器的测量，我们可以比较清楚地了解到月球极区永久阴影区的分布、水冰的分布和陨石坑的深度等情况。有了这些信息，我们今后找水的方向和地点就更加明确了。

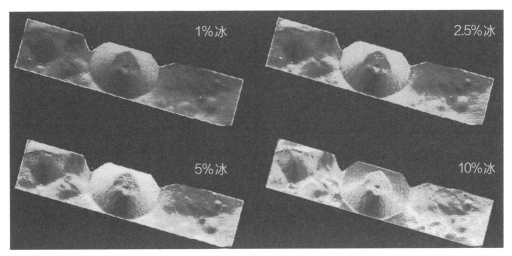

■ 雷达观测到的沙克尔顿陨石坑壁冰的含量
左边是实际观测值，右边是计算值。上下两排表示不同的时间。

LRO 也有缺点，为了满足空间分辨率高的要求，卫星每次只能测量月面一个窄条区域。如果要获得大面积图形，就需要很长时间。如果要获得覆盖全月球的图形，则需要几年时间。

■ 南极表面可能存在水冰的区域

4

终于在陨石坑撞出了水

可以这样说，美国为完成在月球上找水这件事可谓煞费苦心。虽然没有得到确切的结论，但毕竟还是发现了不少线索。在进入月球探测的新时期以后，美国决定再拼一次，非要在极区找到水冰不可。

新的探测计划称为 LCROSS，于 2009 年 6 月 18 日同月球勘测轨道器一起发射，撞击目标是位于月球南极的卡比厄斯陨石坑。LCROSS 重 621 千克，与它一起撞击月球的还有运载火箭的上面级，重 2 305 千克，撞击速度为每小时 9 000 千米。小卫星与火箭上面级一起飞向月球，到达月球附近时，小卫星与火箭上面级飞离。2009 年 10 月 9 日，小卫星跟在火箭上面级的后面一起飞向卡比厄斯陨石坑。小卫星携带的照相机不断地拍照，并把照片及时传回地球。当火箭上面级撞击到陨石坑，溅起烟尘时，小卫星进入烟尘内，用仪器分析岩层的成分，并把测量结果传回地球。最后，小卫星也一头撞到陨石坑底部。那谁来看它的撞击效果呢？先期进入月球轨道的月球勘测轨道器，此时正好飞到陨石坑上方，由它来观测小卫星的撞击情况。

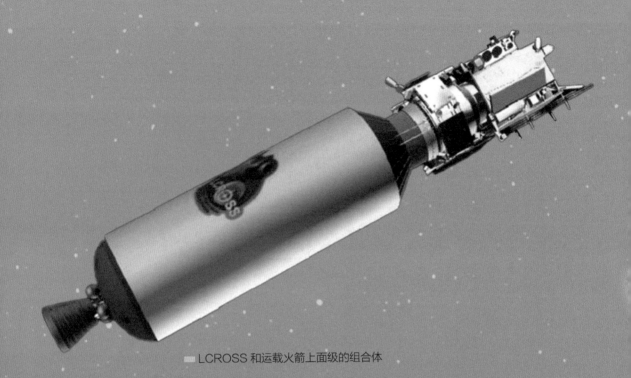

■ LCROSS 和运载火箭上面级的组合体

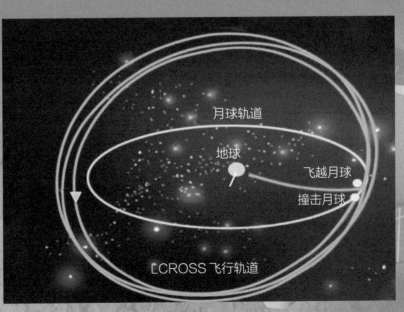

月球轨道

地球

飞越月球

撞击月球

LCROSS 飞行轨道

LCROSS 飞到月球附近时改变轨道平面

■ LCROSS 与火箭上面级分离

火箭上面级撞向陨石坑

LCROSS 拍摄到的撞击烟尘（示意图）

这次撞击与 1999 年 7 月 31 日的那次不同，不是由环绕月球的卫星直接撞击，而是让运载卫星的火箭上面级直接撞击。这样设计有两个优点：一是运载火箭的质量大，撞击月球狠，产生的羽烟也很明显；二是让卫星跟在火箭上面级的后面，当火箭上面级撞击月球时，卫星跟在后面拍照、测量，再把撞击结果传回地球，这样就可以判定羽烟中是否含有水。

在这次撞击之前，NASA 进行了大量的宣传，认为本次撞击肯定会发现水，而且撞击场面也会相当壮观。估计撞击坑直径为 1/3 个足球场那样大，深度约5 米，溅射物的高度达 10 千米，撞击能量是月球勘探者撞击时的 200 倍。在NASA 的宣传下，许多人风餐露宿，争相选择合适的位置观看撞击效果。

但是，撞击效果并不像 NASA 所说的那样理想。实际上，在地面上什么都没有看见，就连在太空飞行的哈勃空间望远镜也没有拍摄到羽烟飞扬的情景，只是跟在火箭后面的小卫星捕捉到了一缕烟尘。

为什么在地面上没有看到烟尘呢？那么大的家伙撞上去就是没有水，也应该尘土飞扬啊？一般人肯定会问这个问题。

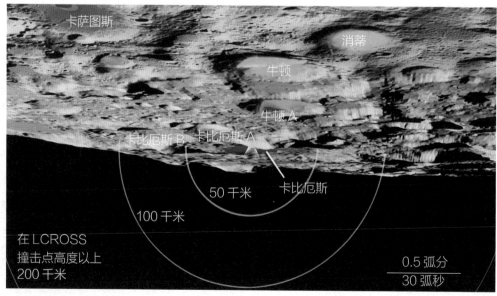

LCROSS 的撞击位置

这个结果确实不可思议，但也可以从两个方面解释：一是沉积物（包括月壤和水冰）的厚度比较薄，坑底主要是坚硬的岩石；二是陨石坑底表面的沉积层比较硬。这样虽然撞击的力量比较大，也不会产生大的烟尘。当然，这只是分析，实际情况怎样，现在还不清楚。

NASA 对这次的撞击结果比较慎重，大约一年后才正式公布结果。根据美国《科学》杂志于 2010 年 10 月 22 日发表的文章介绍，撞击物中水的质量百分比是（5.6±2.9）%，大约是地球上撒哈拉沙漠含水量的 2 倍。

NASA 还专门组织了一次新闻发布会。有趣的是，新闻发言人竟带去了一个水桶。他向记者宣布："在这次撞击过程中，确实发现了水，而且不是发现了一点点儿，而是发现了相当可观含量的水。我可以说，在 LCROSS 撞出的宽 20~30 米的坑中，我们发现了大约 12 桶水，这是初步的观测结果。"

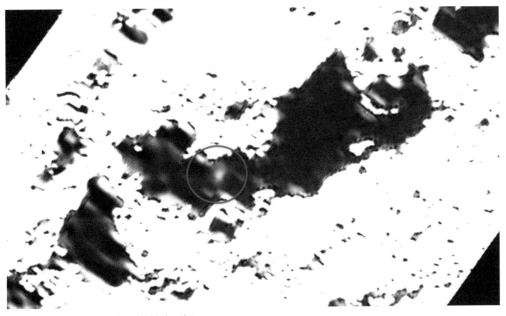

LCROSS 照相机拍摄到的撞击瞬间

5

故事还远没有结束

现在，水是找到了，但是找水的故事还远没有结束。月球南极到底有多少水冰？永久阴影区有多深？水的含量占多大比例？永久阴影区除了含有水冰，还含有哪些其他挥发性物质？其他陨石坑底部是否也含有水冰？未来人类将如何开发和利用这些水资源？这些问题都是应当深入思考和解决的。

水是在地球以外进行长期勘探的关键资源，因为它可以被用于饮用、冷却设备、呼吸和制造火箭燃料。人类在月球探测上取得的经验，包括使用月球自然资源的经验，将被用来帮助将航天员送上火星。

　　月球南极的冰冻水可以追溯到数十亿年前，它们没有受到太阳辐射的污染，也没有受到地质过程的污染，这为我们提供了一个了解早期太阳系的窗口。

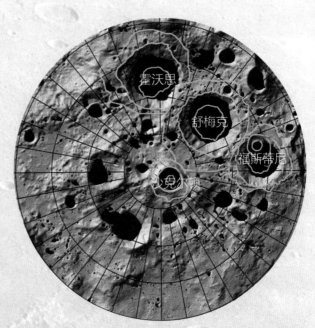

■ 月球南极富含水冰的"黑洞"

第四章

向南极进军

1

八大目标吸引全球

目前，已经有许多国家和地区公布了探索月球南极的计划，人类为什么如此关注探索月球南极呢？这是因为有八大目标吸引全球。

开发和利用月球南极丰富的水冰

经过多颗月球探测卫星观测，已经证实在月球南极陨石坑的永久阴影区存在水冰，而且含量相当可观。2009 年，LCROSS 任务检测到水的质量百分比高达（5.6±2.9）%。在此之后，2018 年的一篇论文分析了从月球矿物学测绘仪（M3）收集的数据表明，在永久阴影区表面以下几毫米处，许多位置的冰浓度高达30%，仅在南极就可能有 1 万 ~1 亿吨水冰。

月球水冰对未来的太阳系探索意义重大。水是推进入类探索的必需品，因为它可以被用于饮用、冷却设备、呼吸，以及为进入太阳系更远目标的任务制造火箭燃料。

南极结冰的水可以追溯到数十亿年前，并且没有受到太阳辐射或地质过程的污染，否则这些过程就会不断搅动和更新其表面。这为我们提供了了解早期太阳系的窗口。对水的研究可以帮助人们了解水和其他挥发物是如何在太阳系中移动的，因此人类非常有兴趣到达这些地点并对那里的水冰进行采样。

■■■ 月球勘测轨道器的观测结果
蓝色区域的水冰含量高。

开发和利用月球南极的阳光资源

除了水资源，月球南极的永昼峰还可以为人类提供丰富的阳光资源。永昼峰是月球表面上的点，通常位于高陨石坑的边缘，可提供近乎恒定的太阳照度，因此可以提供几乎恒定的太阳能。充足的阳光是完成月球探测的必需条件，收集足够的阳光可以用于照亮月球基地，并为其设备供电。

■ 利用反射的阳光对位于月球永久阴影区的冰进行热开采

从月壤中提取氧

月球上的氧存在于月壤中，可以直接提取。氧有多种用途，如维持生命、作为推进剂，甚至是为了促进植物生长。在已测试的月球样品中，发现氧丰度为 42%~45%（按质量计）。使用月球氧很重要，因为从地球向太空发射材料的成本很高。虽然许多提取氧的方法需要大量能量，但是相比之下，这些方法仍然可以节省成本。在月球上生产氧气的方法包括碳热还原风化层、氢还原风化层等。目前，NASA 约翰逊航天中心的工程师，已经研制了从月壤中提取氧的装置 ROxygen。这种装置投入使用后，每年可生产 1 000 千克氧气。我国的技术人员在从月壤中提取氧的技术研发方面也取得了巨大成果。

确定挥发物的成分和提取

到目前为止，已经有多颗探测器探测了月球极区的挥发物成分，并获得了许多有价值的结果。月球勘探者上的中子谱仪绘制了整个月球表层以下 50 厘米处的氢含量，并显示在月球两极有明显的增强。然而，仅中子谱仪的数据还不足以区分氢和不同的氢化挥发物，在两极检测到的氢最有可能以水分子的形式出现。LCROSS 以撞击的方式探测南极陨石坑内的水冰，在撞击点的月壤中检测到（5.6 ± 2.9）% 的水冰。该任务监测到了撞击地点和产生的抛射物，揭示了发射线可能是由 Ag、CN、CO、CO_2、H_2O、Na、NH、NH_2 和 OH 造成的。OH 的存在可能是由于 H_2O 的热分解或颗粒表面的吸收。在 LCROSS 探测的光谱中，NH 和 NH_2 发射线被认为来自月壤。

了解极区挥发物的状态和分布，对于在月球上建立永久基地非常重要。在相对较少的月壤中可能有足够的氢，可以提供火箭燃料，而且可以很容易地通过加热提取。然而，尚不清楚两极的挥发物是否以斑块或层的形式存在于风化层中，以及它们最集中的地方在哪里。更好地了解挥发性沉积物的大小和分布，将有助于更有效地实施就地资源利用（ISRU）技术，从而增加未来月球飞行的回报。

确定挥发物的来源

月球挥发物的来源可分为外源和内源。外源包括小行星撞击、巨大分子云及地球周围的粒子；内源包括月球形成过程中产生的，以及火山活动产生的等多种机制。但究竟哪种起主要作用还需要深入研究。

最近几年发表的一些关于火山挥发物来源的论文认为，本土挥发物循环始于月球演化的岩浆海洋阶段，向月球内部输送挥发物，这些挥发物的一部分随后被火山过程带回地表。这些富含挥发性物质的喷发主要由一氧化碳气相驱动，对阿波罗 15 号和 17 号玻璃的新分析表明水也参与其中。1999 年，科学家观察到和推断出的每一个喷口都可能产生比月球外逸层（2×10^7 克）更多数量级的质量。薛定谔喷口是南极地区唯一的喷口，因此它可能是盆地形成后任何极地挥发性沉积物的主要本土来源。

了解这些来源可以为月球挥发物的生成和耗散提供重要的依据，并为挥发物改变和存储过程的研究提供信息。在月球表面上累积的挥发物对研究太阳系的历史也有重要作用。

深入了解挥发物的保存和损失过程

月球极区挥发物一般要经历运输、保留、改变和散失等过程。有关改变月球表面挥发物状态或分布的过程的问题，广泛适用其他无空气星球上的类似过程。在地面实验室研究这些过程是很困难的。在未来的任务破坏原始的月球外逸层之前，充分了解这些过程是很重要的。

了解极地月壤的物理性质

所有现存的月球表面样品要么来自赤道阿波罗等探测任务，要么来自来历不明的月球陨石。正因为如此，我们才对赤道月壤的物理性质比较了解。对返回的样品和岩芯的分析还提供了关于赤道地区月壤矿物和化学性质的信息。中国嫦娥五号取回的样品，极大地丰富了科学家对月壤的认识，但目前对月壤的分析研究工作还在进行中。

在极区，极低的温度（50~70 开尔文）会对月壤的性质产生重大影响，如改变体密度和电导率。

除了对月壤的直接热效应，月球两极的低温还能通过允许水和其他挥发物的存在而间接影响月壤。特别是水的存在会促使月球土壤颗粒通过冲击玻璃黏合在一起，形成凝集物。这些多孔颗粒的大量存在将增加含有它们的月壤样品的总孔隙度。凝集物至少占成熟月壤体积的一半，因此它们对月壤整体性质的影响是不容小觑的。月球两极极低的温度也可能抑制玻璃的形成，导致更少的凝集物，从而降低体积孔隙度。

空间风化作用也可以决定极区月壤的物理性质。一般来说，月球两极的月壤可能由于后期的重轰击和后来缺乏大规模的火山活动而变得更细。极区颗粒较细的物质不仅会影响月壤的渗透性，而且还会为挥发物的结合提供更多的颗粒表面积。

了解月球极地月壤物理性质的重要性首先在于，这些表面材料的状态可能决定从月壤中提取挥发性物质的难易程度。这些沉积物可以通过提供当地的燃料来源，为人类或机器人探索提供支持。提取这些挥发物需要详细了解极地月壤的物理条件，以确保安全操作。在如此低的温度下返回样品是困难的，同样的样品在更高的温度下可能不会有相同的物理性质。

研究极地月壤中保存的太阳活动记录

在月球极区，特别是在永久阴影区中，由于极低的温度，其保存的太阳活动记录比在赤道地区要长。当月壤被加热时，挥发性元素会以气体形式释放出来，尤其是在太阳风下植入的粒子。在更深的月壤中，这些粒子可能相当古老。

例如，赤道月壤的热排气显示出氮（N）的特征，这似乎与太阳成分模型不符，但由于这些地区的高温，目前还不清楚这一特征是由于太阳成分的真实异常造成的，还是由于植入后的扩散或分化过程所造成的。对极区永久阴影区中月壤的研究可能有助于解决这个问题，因为它没有被广泛加热，所以不太可能遭受类似的植入后修饰。被植入极地月壤和保存在永久阴影区中的太阳风粒子，将有助于填补我们对太阳知识的一个重要的时间空白。

有关的研究表明，陨石和月球的记录可以揭示太阳系历史的前 5 亿年和最后小于 1 000 万年的历史，但这两者之间的时间并不容易解释。最近（小于 1 000 万年）的高能太阳粒子与现在的粒子没有任何明显的变化。在月球极地地区可测量到的太阳历史时期从现在一直延伸到大约 20 亿年前。

了解太阳的历史有助于我们了解地球过去的气候。例如，了解地球历史上的太阳输入将有助于研究地球过去的气候变化。另一个有希望的研究途径是探测在永久阴影区或其他寒冷的极地地区存在惰性气体的可能性。

在月球上测量到的最低温度低于 23 开尔文，这个温度范围与氙（Xe）、氪（Kr）和氩（Ar）的稳定性相一致。这意味着，在这些地方，稀有气体有可能被冻结在月球的外逸层内，并可能被隔离在月壤中，至少在短时间内如此。因为月球上的平均温度约为 38 开尔文，惰性气体长期固态储存似乎不太可能，但周期性的"捕获和释放"循环可能更普遍。这为周期性的彗星提供了一个有趣的类比，当它们改变与太阳的距离时，可能会经历类似的温度波动。

人类的探测器已经多次探索月球的南极，并且采用了多种技术方案，如可见光摄像技术、红外成像技术、雷达探测技术及中子谱仪技术等。这些技术在月球极区的探索中发挥了重要作用，但也出现了一些问题，需要在未来的探测中加以改进，并采用一些新的探测方式。

超灵敏拍照技术

现在我们已经知道，南极富含水的区域主要集中在永久阴影区。阳光照射不到这些区域，反射光又非常微弱。因此，要想对阴影区成像，需要发展超灵敏度的照相机。目前，美国已经研制出了这类照相机，灵敏度是月球勘测轨道器上所用相机的 200 倍。

阴影区取样及样品保存技术

阴影区的温度低于 –200 摄氏度，在这样低的温度下如何提取样品是一个大的技术难题。另外，获得样品后，如何在返回过程中保存也是需要认真研究的问题。

就地探测挥发物的技术

月球极区挥发物的成分是通过各种中子谱仪和光谱技术遥感测定的。光谱特征可以为元素和矿物学成分的鉴定提供"指纹"。光谱检测方法有其局限性，光反射需要光源，但是在永久阴影区没有直接的阳光。LCROSS 实验提供了最好的研究月球极地挥发物的方法，因为撞击使永久阴影区底部的物质腾空进入阳光，即那里可以通过光谱对其观察。从地球上的望远镜观测中检测到钠。然而，这种影响带来了一些必须考虑的模糊性，即撞击可能诱发化学反应，改变了释放材料的分子成分。尽管大多数科学家都认为在 LCROSS 的羽流中确实检测到了水，但并未明确对一些有机物的识别。未来若想准确地确定挥发物的成分、含量和分布情况，就需要采用就地探测技术。

测量挥发物损失的技术

月球极区挥发物的含量是由产生率与损失率之间的平衡决定的。目前，人类只从理论上阐述了挥发物的损失机制，但损失率究竟处于什么范围，还需要通过测量验证。验证方法和技术都需要投入巨大的人力和物力。

就地分析极地月壤性质的技术

极区极度严寒，这给就地测量月壤参数带来了困难。因此，必须采用新技术、研制新仪器，以便确切地了解极区月壤的成分和结构。

2022 年 4 月，在第七个中国航天日到来之际，中国国家航天局透露，探月工程四期在 2022 年正式启动工程研制，中国将陆续发射嫦娥六号、嫦娥七号、嫦娥八号探测器，开展任务关键技术攻关和国际月球科研站建设。

嫦娥六号

嫦娥六号是嫦娥五号的备份星，任务是取样返回。为了取得更大的科学成果，中国决定将嫦娥六号的取样点选择在月球背面，目标着陆点位于 43°S，154°W 附近，对应阿波罗盆地的南部区域。为期 53 天的嫦娥六号任务将寻求着陆并使用铲子和钻头收集多达 2 千克的月球样品。嫦娥六号将更具有挑战性。由于月球背面从不面向地球，人们无法直接看到，中国将首先发射一颗名为鹊桥二号的卫星，以中继嫦娥六号与地球团队之间的通信。

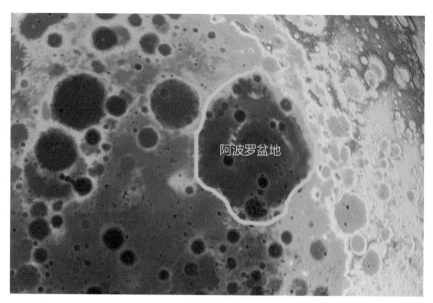

阿波罗盆地

■■■ 阿波罗盆地的位置

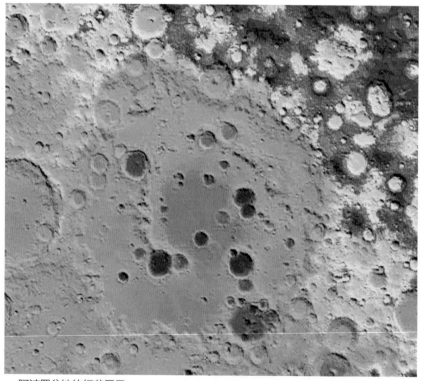

■■■ 阿波罗盆地的细节展示

阿波罗盆地是一个 538 千米宽的双环撞击盆地,位于月球背面的南半球。阿波罗盆地是同心双环撞击结构的杰出例子,其大小介于较小的简单碗形和复杂的中央山峰或峰环陨石坑之间。它实际上叠加在巨大的南极-艾特肯盆地之上(因此比南极-艾特肯盆地更年轻),这是一个影响南半球远侧的撞击结构。在阿波罗盆地发现了以前在月球表面看不到的地壳物质。由于是在南极-艾特肯盆地边缘形成的陨石坑,所以阿波罗盆地撞击事件挖掘和抬升的一些物质可能起源于很深的地方,甚至可能深达月幔。

除了着陆点与嫦娥五号不同,嫦娥六号的有效载荷也与嫦娥五号有许多差别。嫦娥六号任务将携带来自国际合作伙伴的一些有效载荷。

嫦娥七号和嫦娥八号

嫦娥七号计划在 2026 年前后实施发射,主要任务是去月球南极寻找月球存在水的证据。这项任务非常复杂,风险系数也非常高。嫦娥七号将由月球轨道器、着陆器、巡视器和飞跃器等部分组成,它们将在月球南极执行复杂的探测任务。

嫦娥八号拟于 2028 年前后发射,主要任务是对月球上的资源进行勘查,并对资源的再利用进行实验。

整个探月四期基本上要达到建设科研站基本型的目标,同时为后续与国际合作建设国际月球科研站打下基础。对于这些任务,我国和国际同行也在密切沟通,将一起合作开展相关的探测活动。

国际月球科研站

2021 年 6 月,中国国家航天局和俄罗斯国家航天集团公司联合发布了《国际月球科研站路线图(V1.0)》和《国际月球科研站合作伙伴指南(V1.0)》,介绍了国际月球科研站(International Lunar Research

Station, ILRS）的概念、科学领域、实施途径和合作机会建议等内容，为国际伙伴在国际月球科研站的规划、论证、设计、研制、实施和运营等阶段的参与指明了方向。

国际月球科研站是在月球表面和月球轨道上建设可进行月球自身探索和利用、月基观测、基础科学实验和技术验证等多学科、多目标的科研活动，长期自主运行的综合性科学实验基地。

根据目前的计划，国际月球科研站将完成以下五大科学任务：

第一项任务是建成指挥中枢、基本的能源和通信设施，用于满足月球基础设施、自动操作和长期研究及探索。

第二项任务将建成月球研究与探索设施，如月球物理、地质剖面、熔岩管探索和月球样品采集。

第三项任务将建成月球就地资源利用技术验证设施。

第四项任务将验证后续探测的通用技术，如月球生物医学实验、分散式月球样品采集及返回。

第五项任务是建成月基天文和对地观测设施。

国际月球科研站初步设计的总体科学与应用目标有五个方面，包括月球考古、巡天探秘、日地全景、科学实验、资源利用。

月球考古，即对月球演化进程的综合探测与研究，主要任务是构建月球内部精细的结构模型，实施"透明月球"计划，构建月球重大地质事件时空分布及演化模型，构建月球水与挥发物的演化模型。

巡天探秘，即研究恒星形成和活动规律，探寻人类的另一个家园，构建宇宙演化的完整"图谱"，探寻人类所知宇宙的前世今生，目标是回答"人类在宇宙中是否孤独"的问题，并揭示宇宙黑暗时代和黎明时代的演化历史。

日地全景，即利用月基平台，对太阳、日－地－月环境、地球宏观地质现象开展全因果链的无缝观测，揭示其物理过程和形成机理，具体将开展月基太阳三高观测，即观测太阳的高温日冕、高能辐射、高速太阳风和日冕物质抛射，并开展月面环境探测和月基对地全景观测。

科学实验，即开展月基基础科学实验研究，例如，探索研究月面环境下的"植物生长发育对月面环境的感知与应答""月面下植物－微生物相互作用""面向植物培养的月壤生物可利用性""月面环境因素对闭合陆生生态系统的能量物质流转与系统稳定"等理论与技术问题。

资源利用，即对月球资源进行就地利用，包括利用月球上的矿产等物质资源、太阳能等环境资源，以及月球在太空中所处的位置资源等。

极区望月计划

我国目前的探月计划基本上集中在巡视器探测上，这种方式对于深入了解月球某一区域的地质地貌特征及地下结构具有独特的优势，但这种方式不能了解月球其他地区的风貌。2022 年 12 月，北京大学和空间技术研究院508 所的部分科技人员联合提出"极区望月"探测计划。

该计划的要点：

（1）探测器是一颗极轨卫星，重点探测极区永久阴影区内的挥发物。

（2）在第一期任务期间，近月点位于南极上空，轨道高度为 10~15 千米，远月点约 100 千米。

（3）在第二期任务期间，近月点位于北极上空，轨道高度为 10~15 千米，远月点约 100 千米。

（4）在第三期任务期间，轨道升高到近直线晕轨道（Near-Rectilinear Halo Orbit, NRHO）。NRHO 一个周期是 7 天，是距离月球表面最近约 1 600 千米，最远约 68 260 千米的轨道。

探测器的主要载荷包括水冰探测载荷、挥发物探测仪器、月球环境探测仪器，以及在 NRHO 工作的光学摄像机和通信设备。

总体科学目标：

（1）确定月球极区永久阴影区水冰的含量与分布。

（2）确定月球极区永久阴影区其他挥发物的成分、分布、来源、输运和损失机制。

（3）确定月球极区月壤与古代太阳风环境的关系。

（4）确定月球极区环境和矿物资源。

（5）深入了解近直线晕轨道特性和应用。

近直线晕轨道的优点：

（1）是"中继站"，位于 NRHO 上的卫星可实现与月面工作的各类着陆器和巡视器的中继通信覆盖。

（2）是"枢纽站"，卫星的轨道容易维持，同时它又能升降轨道以完成不同性质的任务，既可以作为地月转移的过渡轨道，仅需约 730 米 / 秒的速度增量

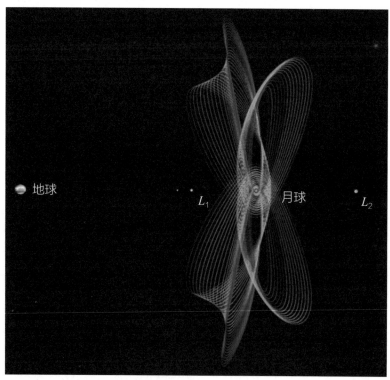

▨ 近直线晕轨道

即可进入环月极地轨道，又能进入月球的高轨道进而支持探测器前往太阳系其他目标天体，大幅度降低对深空探测任务的推进剂需求。

（3）是载人航天器的"中转站"，支持航天员和遥操作机器人的月面着陆、巡视和返回等作业，使进入月球或随时往返的任务更加灵活，助力各类月表科学探测活动的开展，与地球间的通信不受月球屏蔽干扰。

（4）具有相对较低的从地球转移成本、较低的轨道维护成本，以及对地球和月球南极有利的通信机会。

该计划具有非常重要的战略意义：

（1）掌握近直线晕轨道特性对深入开展月球探测和开发利用月球资源具有重大意义。

（2）掌握近直线晕轨道特性为未来的深空探测创造条件。

（3）掌握近直线晕轨道特性对未来保证我国在地月空间的利益至关重要。

4

俄罗斯月球号继续

月球 25 号（Luna-25）是俄罗斯计划的月球着陆器任务，计划在月球南极附近的博古斯瓦夫斯基环形山（Boguslawsky Crater）着陆。它将着陆器重新命名为月球 25 号，以强调 20 世纪 70 年代以来苏联月球计划的连续性。

月球 25 号的初期计划始于 20 世纪 90 年代末，最初的任务计划需要着陆器和轨道器，后者部署了撞击穿透器。在目前的形势下，月球 25 号只是一个着陆器，其主要任务是验证着陆技术。这次任务将携带 30 千克的科学仪器，包括一个用于采集土壤样品的机械臂。该航天器于 2022 年 8 月 11 日发射升空，8 月 16 日进入月球轨道，8 月 19 日出现异常。俄罗斯国家航天集团发消息称，月球 25 号探测器于莫斯科时间 8 月 19 日 14 时 57 分失联。据初步推测，探测器进入了非预先规划的轨道并撞上了月球表面而坠毁。

月球 26 号是一个计划中的月球极地轨道器，是

▨▨ 月球 25 号

俄罗斯月球全球计划的一部分。月球 26 号轨道飞行
器计划在 2024 年发射。

　　月球 26 号轨道器的计划至少从 2011 年就开始
了。最初，它被设想与月球着陆器——月球 27 号一
起发射到月球。月球着陆器将降落在月球背面的南
极－艾特肯盆地，但由于质量限制，它们将分开发
射。轨道器的质量大约是 2 100 千克。轨道器的目
标是定位和量化月球的自然资源，可以服务未来的着
陆任务。轨道器的主要任务完成后，轨道将被提升到
大约 500 千米的高度来研究宇宙射线。

　　月球 27 号是一个计划中的月球着陆器任务，发

■ 月球 26 号

送一个着陆器到月球背面的南极－艾特肯盆地。它的目标是在月球永久阴影区寻找矿物质，挥发性物质（氮、水、二氧化碳、氨、氢、甲烷和二氧化硫）和月球水冰，并调查这些月球自然资源的潜在用途。从长远来看，俄罗斯考虑在月球背面建立一个载人基地，这将带来科学利益和商业利益。

阿尔忒弥斯计划

阿尔忒弥斯计划是由 NASA 牵头的载人探测月球计划，目标是到 2026 年首次载人登陆月球南极。如果成功，阿尔忒弥斯计划将成为自 1972 年 12 月阿波罗 17 号以来的首次载人登月任务。

阿尔忒弥斯作为振兴美国太空计划的一部分，于 2017 年 12 月开始。根据 NASA 的声明，该计划的短期目标是让第一位女性和第一位有色人种登上月球；中期目标包括建立一个国际探险队，以及在月球上实现可持续的人类存在；长期目标是为开采月球资源奠定基础，并最终使载人前往火星及其他星球的任务变得可行。

阿尔忒弥斯计划是围绕一系列太空发射系统 (Space Launch System, SLS) 任务组织的。这些太空任务将增加复杂性，并计划每隔一年或更长时间进行一次。

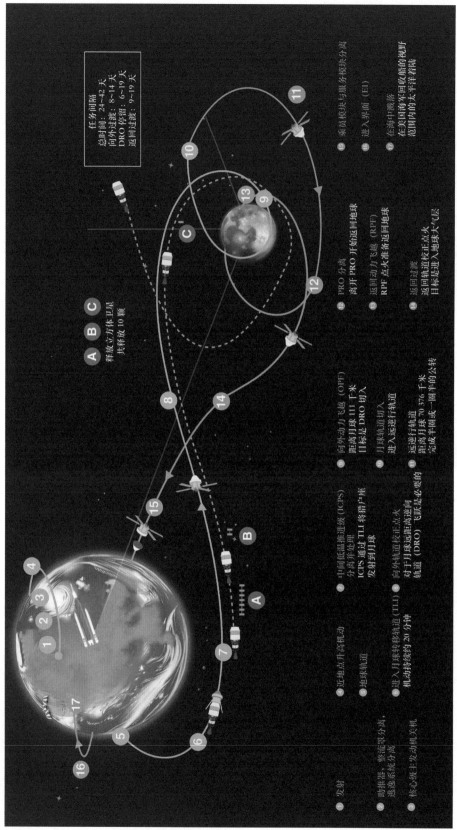

阿尔忒弥斯 | 行程

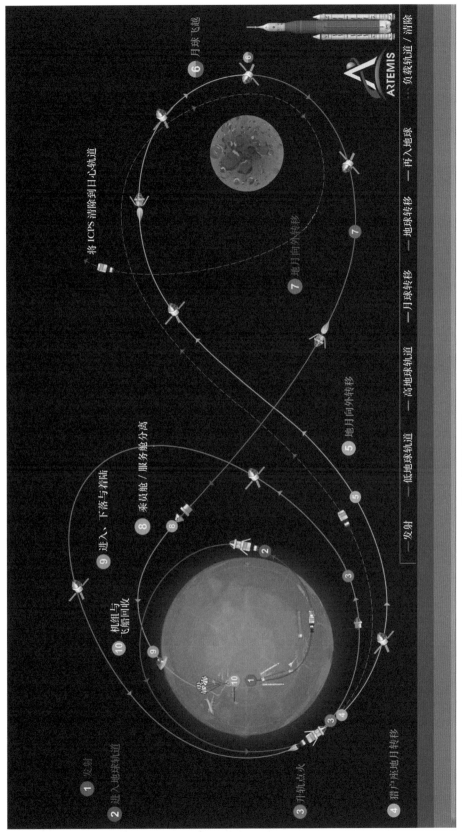

将 ICPS 清除到日心轨道

月球飞越

负载轨道／清除

⑥

⑤ 地月向外转移

⑦ 地月向外转移

⑧ 乘员舱／服务舱分离

⑨ 进入、下落与着陆

⑩ 机组与飞船回收

⑦

⑤

⑧

⑨

⑩

猎户座地月转移

① 发射
② 进入地球轨道
③ 升轨点火
④ 猎户座地月转移

—— 发射 —— 低地球轨道 —— 高地球轨道 —— 月球转移 —— 地球转移 —— 再入地球

═ 阿尔忒弥斯 II 行程

ARTEMIS

阿尔忒弥斯 I 是对太空发射系统和猎户座的无人驾驶测试，并且是这两种飞行器的首次试飞。阿尔忒弥斯 I 任务的目标是将猎户座送入月球轨道，然后再将其送回地球。太空发射系统使用第二级，将猎户座送入月球空间。猎户座将刹车进入一个逆行的遥远月球轨道，并在返回地球之前停留大约 6 天。猎户座太空舱将与其服务舱分离，重新进入地球大气层进行空气制动，并通过降落伞降落地面。阿尔忒弥斯 I 原定于 2021 年年底发射，但发射日期后被推迟到 2022 年 11 月 16 日。整个任务持续 25 天 10 小时 53 分钟，于 2022 年 12 月 11 日返回地球。

阿尔忒弥斯 II 将是太空发射系统和猎户座宇宙飞船的首次载人试飞。4 名航天员将在地球轨道上进行广泛的测试，然后猎户座将被推进到绕月球的自由返回轨道，这将使猎户座返回地球以载入和降落。其最新发射计划为 2025 年 9 月。

阿尔忒弥斯 III 将是载人登月。该任务之前要首先将人类着陆系统 (Human Landing System, HLS) 放置在 NRHO。在 HLS 到达 NRHO 后，太空发射系统将发射搭载 4 名机组人员的猎户座飞船，猎户座飞船与 HLS 会合和对接。

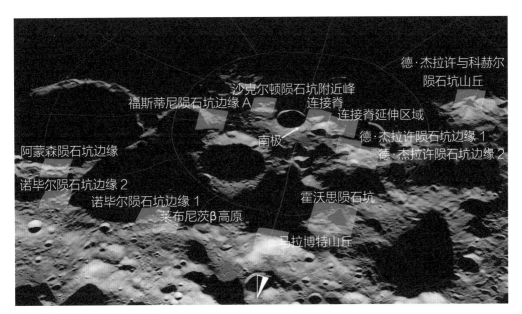

▓▓▓ 阿尔忒弥斯 Ⅲ 预选的着陆区

2 名航天员将转移到 HLS，他们将下降到月球表面并在月球表面停留约 6.5 天。在 HLS 上升之前，航天员将在月面上执行至少两次舱外活动，然后 HLS 将把他们送回与猎户座的会合点进行会合。猎户座将把 4 名航天员送回地球。发射计划初步定于 2027 年。

■■■ 月球门户计划

月球门户计划

月球门户计划，简称"门户计划"，是一个计划中的月球轨道小型空间站，旨在用作通信枢纽、科学实验室、航天员的短期居住舱，以及漫游者的存放区。这是一个跨国合作项目，涉及 4 个国际合作机构：美国国家航空航天局（NASA）、欧洲航天局 (ESA)、日本宇宙航空研究开发机构 (JAXA) 和加拿大航天局（CSA）。它计划成为第一个绕月球运行的空间站。

门户计划部署在绕月球的高度椭圆的 7 天 NRHO 中，这个轨道的近月点为 3 000 千米，远月点为 70 000 千米。

探测水冰计划：从 2022 年开始，美国陆续发射月球探测器，其中有多颗探测器的目标集中在到南极探测水冰上。

毒蛇号月球车

NASA 的"挥发物调查极地探测车"（Volatiles Investigating Polar Exploration Rover, VIPER，也称"毒蛇"）将前往月球南极，探索月球极端的环境，以寻找冰和其他潜在资源。这款移动机器人将降落在月球南极，在诺毕尔陨石坑的西部边缘运行。毒蛇号月球车计划漫游数千米，收集受不同光照和温度影响的土壤环境的数据——完全黑暗、偶尔光照和持续光照的土壤环境。一旦进入一个永久遮蔽的地方，它将仅依靠电池供电。其总运行时间为 100 个地球日。

VIPER 的设计是在月球车上安装一个"车头灯"，以帮助探索月球的永久阴影区。太阳系中有一些地方温度极低，因为它们已经数十亿年没有见过阳光了。以太阳能为动力的 VIPER，必须在月球南极光照强烈的变化中快速导航。

■ 毒蛇号月球车

根据以往的探测结果，如绕月球运行或撞击月球表面的探测器，人们已经知道月球的两极有水。但为了有一天能够使用它，现在需要更多地了解这种水。

VIPER 将首次告诉我们永久阴影区中水的性质，包括最有可能在哪里找到水、获取水的难易程度，以及其中有多少是以冰晶形式存在而不是被束缚在矿物质中的。这不仅会告诉我们如何提取水以可持续地在月球上生活，而且还会让我们深入了解包括地球在内的太阳系内部水的历史和起源。

VIPER 的科学目标主要有两个方面：一方面是描述月球极地的冷阱和风化层中水和其他挥发物的分布和物理状态，以了解它们的起源；另一方面是为 NASA 提供必要的数据，以评估月球极地就地资源利用的潜在回报。

NASA 在为 VIPER 选择着陆点时考虑 4 个指标：月球和地球之间双向通信的地球能见度、用于电力和热调节的阳光、水和其他资源的潜在存在，以及适合导航的地形。经过衡量，诺毕尔陨石坑符合所有这些标准，从提供良好地球能见度的高海拔到为期两周的月夜中，有大约 50 小时处于阳光下的山脊线。与那些被照亮的避风港形成鲜明对比的是火山口中的永久阴影区，大约 500~800 米宽，月球车可以访问该区域以寻找水冰沉积物。

VIPER 将在诺毕尔陨石坑研究的区域面积约为 93 平方千米，预计 VIPER 将在其执行任务期间行走 16~24 千米。在此期间，月球车将访问精心挑选的有科学价值的领域，这些领域将帮助科学家深入了解各种不同类型的月球环境。

随着 VIPER 在每个有价值的区域之间移动，它将从至少三个钻探位置收集样品。对这些来自不同深度和温度的样品进行分析，将有助于科学家根据类似的地形更好地预测月球上可能存在的其他冰块，更好地了解月球上的资源分布情况，并更好地确定未来长期月球基地的位置。

▧ 诺毕尔陨石坑及将要探索的区域（蓝色方框）

▧ VIPER 的穿越路线

极地资源冰矿开采实验 -1

极地资源冰矿开采实验 -1 (Polar Resources Ice Mining Experiment-1, PRIME-1) 将是月球上的第一个就地资源利用项目。此外，NASA 将首次从月球表面以下自动采样和分析冰。来自 PRIME-1 的数据将帮助科学家了解月球上的原位资源。PRIME-1 有助于美国国家航空航天局在月球两极寻找水，支持该机构在月球上建立人类可持续存在的计划。PRIME-1 由两个组件组成，它们都将安装在商业月球着陆器上，这两个组件分别如下。

（1）用于探索新地形的风化层和水冰钻机（TRIDENT）。TRIDENT 将钻至 0.9 米深，将月壤提取到月表。该仪器可以多段钻孔，在每次深度增加后暂停和缩回以在表面上沉积岩屑。

（2）月球操作观测质谱仪（MSolo）。这种为太空飞行而改进的商用现成质谱仪将评估钻屑中的水和其他化合物，分析来自多个深度的土壤样品。

水是一种重要的资源，通过正确的技术，它可以被开采并用于生产推进剂和可呼吸的氧气。得益于绕月飞行的航天器的数据，科学家们认为月球极地地区在表面以下富含水，但 NASA 从未探索过这些区域或直接探测到水。PRIME-1 将帮助识别和评估预计会含有水的地区，以及水的丰度和质量。这些信息将为月球上的未来任务及其可持续运营提供信息，包括就地资源利用。

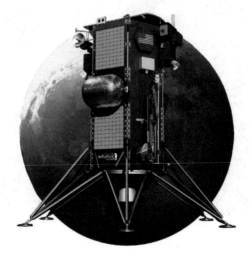

PRIME-1 着陆器

月球冰立方

月球冰立方（Lunar Ice Cube）是 NASA 一项计划中的纳卫星轨道飞行任务，旨在勘探、定位和估计月球上水冰沉积的含量和组成，以供机器人或人类未来利用。其质量约为 14 千克，能够从月球表面上方约 100 千米的轨道上系统探测月球的水特征。

NASA 的月球勘探者、克莱门汀号、月球陨石坑观测和传感卫星、月球勘测轨道器和印度的月船 1 号月球轨道器等，表明极地地区可能有足够的水冰供未来的登陆任务使用，但分布很难与热图相协调。月球冰立方的科学目标是，调查水和其他挥发物随着一天中的时间、纬度和月球土壤成分变化的规律。月球冰立方已于 2022 年 11 月 16 日随阿尔忒弥斯丨号一起发射。

▄▄▄ 月球冰立方

月球极地氢测绘仪

月球极地氢测绘仪（Luna H-Map）是一个立方体卫星任务，旨在围绕月球轨道运行，并确定月球极地陨石坑中永久阴影区的水冰含量。它的主要科学目标是使用小型中子谱仪来计数超热中子，并从低高度（8~25 千米）绘制南极永久阴影区的水丰度，已于 2022 年 11 月 16 日随阿尔忒弥斯 I 号一起发射。

月球极地氢测绘仪大小是 10 厘米×20 厘米×30 厘米，质量 14 千克。它由一个 90 瓦的太阳能阵列供电，内置在侧板上，安装在两个机翼上，还有一个 56 瓦时的锂离子电池。推进由离子发动机 Busek BIT-3 提供，使用碘作为固体存储推进剂。通信将通过深空网络通过 X 波段（8.4 吉赫兹）进行。安装在卫星内部的飞行计算机负责引导、导航和控制。

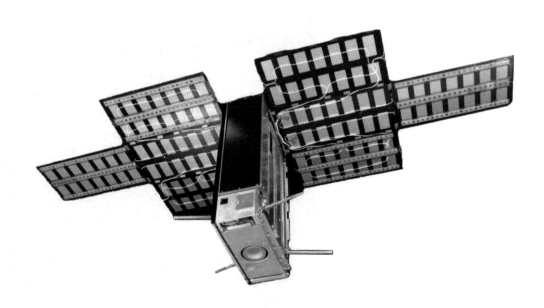

▬ 月球极地氢测绘仪

6

韩国携带美国仪器

　　韩国于 2022 年向月球发射韩国探路者月球轨道器（Korea Pathfinder Lunar Orbiter, KPLO）。借助 KPLO，韩国开始其雄心勃勃的月球探索计划，并与 NASA 成为合作伙伴。KPLO 配备了 4 个韩国本土制造的仪器和 1 个 NASA 提供的相机，将向人们展示月球表面的新视图。

■ 韩国探路者月球轨道器

KPLO 在 2022 年 8 月 4 日用 SpaceX 猎鹰 9 号火箭在弹道月球轨道上发射，于 2022 年 12 月 17 日进入月球轨道。在进入椭圆形月球轨道后，它绕到 100 千米的极轨道进行大约一年的科学操作。如果任务有一个延长阶段，它将下降到 70 千米或更低的轨道。

KPLO 配备了 5 个科学仪器和 1 个中断容忍网络实验。5 个科学仪器分别是月球地形成像仪、广角偏振相机、磁强计、伽马射线光谱仪和高灵敏度相机 (ShadowCam)。科学有效载荷总质量约为 40 千克。

ShadowCam 是 NASA 提供的，用于观察月球上永久阴影区的内部情况，它将提供有关这些地区地形和水的关键信息，以帮助规划未来的载人和机器人任务。

ShadowCam 如何在永久阴影区内观测

ShadowCam 基于成功的 LROC 中的窄角相机（NAC），其灵敏度大约是 NAC 的 200 倍，这将使科学家能够看到月球两极周围的永久阴影区。

虽然阳光不会到达并直接从月球的永久阴影区域反射，但是少量的阳光确实会从附近的地形散射到太空。这种散射回太空的光线非常暗淡，但可以被之前的轨道器探测到。然而，它们的相机不够灵敏，无法窥视黑暗地区并帮助精心计划在这些地区及其周围的着陆和漫游任务，这就是 ShadowCam 的用武之地。

ShadowCam 将以高达每像素 1.7 米的高分辨率绘制永久阴影区内的地形图，并根据反射光的特征定位水冰沉积物和其他类挥发性资源。这将告诉我们这些资源的丰富程度和可获得性——这是朝着安全、经济地规划未来的月球极地任务和建设可持续栖息地迈出的关键一步。

科学目标

（1）探究永久阴影区中的反照率模式并解释其性质：ShadowCam 将通过映射具有与照明地形的 NAC 图像相当的分辨率来搜索霜、冰和滞后沉积物。

（2）调查与一些极地陨石坑相关的异常雷达特征的来源：ShadowCam 将确定永久阴影区内部是否存在高纯度冰或岩石沉积物。

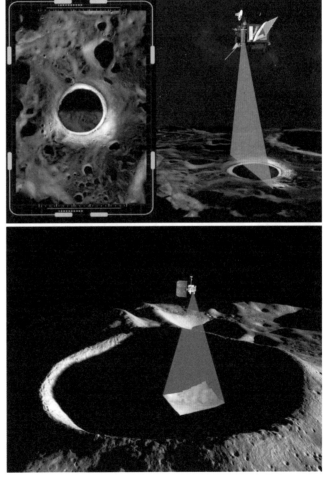

▬ ShadowCam 看阴影

（3）记录和解释永久阴影区反照率单位的时间变化：ShadowCam 将通过获取每月的观测值来搜索永久阴影区中挥发物质丰度的季节性变化。

（4）在永久阴影区内为未来着陆器提供哪些地方危险性较大、哪些地方容易通过等信息：ShadowCam 将提供极地探索所需的最佳地形信息。

（5）绘制永久阴影区的形态图，以搜索和表征可能表明类似永久冻土过程的地形：ShadowCam 将提供前所未有的永久阴影区地貌图像，其规模可以与月球上任何地方的地形进行详细比较。

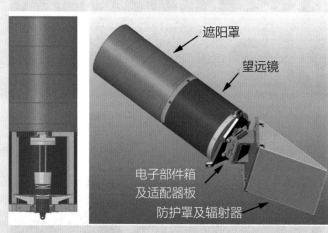

■ ShadowCam 结构示意图

ShadowCam 将使用高分辨率相机、望远镜和高灵敏度传感器获取月球阴影区的图像。

ShadowCam 拍摄的最新图像

◾ 薛定谔陨石坑

◾ 威奇曼陨石坑

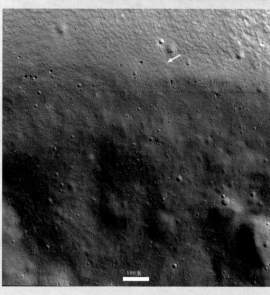

100米

◾ 月球地形
箭头指示了一个直径 5 米的巨石滚
下陡峭的陨石坑壁并落在月面上的
路径。

7

印度的月船3号

月船 3 号是印度空间研究组织（ISRO）开展的第三次探月任务。月船 2 号软着陆引导软件在最后一分钟发生故障，导致着陆器在成功进入轨道后软着陆尝试失败。月船 3 号提出了另一个演示软着陆的月球任务。月船 3 号将是月船 2 号的重复任务，但仅包括与月船 2 号类似的着陆器和漫游车。月船 3 号没有轨道器，它的推进模块将像通信中继卫星一样工作。

月船 3 号于 2023 年 7 月 14 日发射升空，于 2023 年 8 月 23 日成功着陆在月球南极附近地区。月船 3 号工作时间较短，于 2023 年 9 月 22 日与外界失去联系。

月船 3 号的特点

月船 3 号使用着陆器和漫游车进入外太空，它不包括像月船 2 号那样的轨道器。

印度的目标是检查月球表面，特别是数十亿年来没有接受过阳光照射的区域。科学家和天文学家怀疑在月球表面的这些较暗部分存在冰和丰富的矿物质。

此外，这种探索将不限于月表，而是旨在研究月表以下和外逸层的情况。

月船 3 号的着陆器只有 4 个可节流发动机，与月船 2 号上的不同，后者有 5 个 800 牛顿发动机。此外，月船 3 号着陆器将配备激光多普勒测速仪（LDV）。

月船 3 号瞄准月球南极的原因

月船 3 号瞄准月球南极的一个关键原因是月球南极包含比北极更大的阴影区域。科学家们认为，月球表面的这些区域可能有永久的水源。

此外，科学家们对南极的陨石坑也有着浓厚的兴趣。他们认为这些冷阱可能包含早期行星系统的神秘化石记录。

▓▓▓ 月船 3 号

8

私企涌向南极

在当前世界关注月球南极探测的时代，美国私人公司也不甘示弱，积极投入月球探测中。这些公司在进行月球探测时主要有两种方式：一种是作为 NASA 的合作伙伴，从 NASA 那里领任务，领资金；另一种是根据自己的优势，独立地发射月球探测器。目前这两种方式都存在。

NASA 正在与几家美国公司通过商业月球有效载荷服务（Commercial Lunar Payload Services, CLPS）计划开展合作。这些不同规模的公司将通过竞标为 NASA 提供有效服务，包括有效载荷集成和操作、从地球发射和登陆月球表面。

NASA 最初于 2018 年 11 月确定 9 家美国公司加入 CLPS 计划，一年后又为该项目增加了 5 家供应商，使符合条件的供应商总数达到 14 家。在比较所有供应商的投标时，NASA 会考虑技术的可行性、价格和时间表等因素。

目前的 CLPS 供应商包括：太空机器人技术公司（Astrobotic Technology）、蓝色起源（Blue Origin）、谷神星机器人（Ceres Robotics）、深空系统（Deep Space Systems）、德雷珀（Draper）、萤火虫航天（Firefly Aerospace）、直观机器（Intuitive Machines）、洛克希德·马丁太空公司（Lockheed Martin Space）、马斯特恩空间系统（Masten Space Systems）、月球快车（Moon Express）、超越轨道（Orbit Beyond）、内华达山脉公司（Sierra Nevada Corporation）、太空探索技术公司（Space X），以及提瓦克纳卫星系统（Tyvak Nano-Satellite Systems）。

目前，上述公司都推出了自己的典型产品。

虽然许多私营公司积极与 NASA 合作，但私营公司并不仅专注于帮助 NASA 登上月球。太空探索技术公司和蓝色起源等公司已表示打算设计自己的月球探索计划。

■■■ 蓝色起源的月球着陆器概念

■■■ 太空机器人技术公司的月球着陆器概念

内华达山脉公司的月球着陆器概念

太空探索技术公司的月球着陆器概念

■■■ 提瓦克纳卫星系统的月球着陆器概念

■■■ 深空系统的商业月球车概念

▰▰▰ 月球快车的商业月球着陆器概念

▰▰▰ 德雷珀的月球着陆器概念

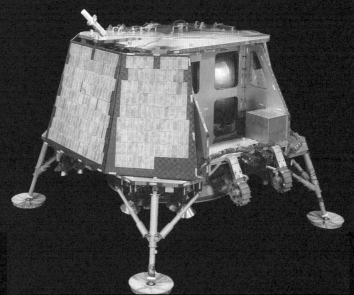

越轨道的商业月球着陆器概念

谷神星机器人的月球着陆器概念

▰▰ 直观机器的月球着陆器概念

▰▰ 洛克希德·马丁太空公司的月球着陆器概念

埃隆·马斯克的太空探索技术公司，目前正在开发一款名为星箭（Starship）的可容纳 100 名乘客的飞行器。该公司设想将人们带到月球和火星。星际飞船将由一枚名为 Super Heavy 的巨大火箭从地球表面升空。该公司希望尽快开始对飞船的商业运营，最有可能的是商业卫星发射。

由亚马逊创始人杰夫·贝索斯运营的蓝色起源正在开发一个名为 BlueMoon 的大型着陆器，它将把科学仪器、月球车及航天员送上月球表面。

嫦娥二号——"一探三"

小行星，你是一个土豆吗？

2010年10月1日，嫦娥二号月球探测器在西昌卫星发射中心成功发射。嫦娥二号最显著的特征是"一探三"：首先完成探测月球任务。离开月球后，嫦娥二号前往具有重要天文学意义的日—地拉格朗日2点，此时已距离地球约150万千米。之后，嫦娥二号前往编号4179的图塔蒂斯小行星，在距离地球700万千米的地方，与图塔蒂斯小行星进行交会，拍摄了高清的照片。

嫦娥四号——玉兔二号漫游记

咦，我的兔子呢？

为解决嫦娥四号与地面的通信问题，2018年5月21日，发射了中继卫星"鹊桥"，这个卫星定位在地月系统的第二拉格朗日点L2，L2到月球的距离大约是65 000千米。

2019年1月3日，嫦娥四号月球探测器成功在月球南极—艾特肯盆地的冯·卡门陨石坑实现软着陆。勇敢的玉兔二号是目前世界上工作时间最长的月球车了，它的每一步都在刷新着世界纪录。

嫦娥四号着陆点的中央峰被命名为泰山，附近的环形坑被命名为织女、河鼓、天津。嫦娥四号的着陆点被命名为天河基地，此前享有"基地"这一称号的，只有阿波罗11号着陆点静海基地。

现在的探月

一万年太久，只争朝夕。2004年，我国的月球探测工程正式立项。人们用传说中的月宫仙女嫦娥为中国的探月工程命名。我国的嫦娥探月工程分为"绕、落、回"三个阶段，科学家用严谨认真、团结协作的精神攻克技术难关，跨越风险挑战，终于让神话一步步变成现实。

嫦娥一号——绕起来就是成功

月球，我来啦！

2007年10月24日，我国首颗绕月人造卫星嫦娥一号发射成功。2007年11月26日，嫦娥一号成功传回了第一幅月面图像，标志着中国探月时代成功开启。2009年3月1日，嫦娥一号撞向位于月球东经52.36°、南纬1.50°的丰富海区域。

嫦娥一号撞击点附近的三个陨石坑分别被命名为毕昇、蔡伦和张钰哲。

各位宝宝们，
这里就是广寒宫。

嫦娥三号——嫦娥来到广寒宫

广寒宫内冷清清，唯有玉兔伴我行。
忽然飞船天上落，原是亲人到宫中。
从此嫦娥不寂寞，翩翩起舞伴英雄。
亲人科考我带路，盼君长久驻月宫。

2013年12月2日，嫦娥三号发射成功，这是中国第一个月球软着陆的无人登月探测器。12月14日，嫦娥三号平稳降落在月球虹湾以东地区。

嫦娥三号着陆区附被命名为广寒宫，附近的环形坑被命名为紫微、天市、太微。

前世今生 往生

4 000多年前的夏代，我们的先民已经根据月亮的圆缺变化制定了早期的阴历。

商朝的甲骨文已经有了关于月食的记录。

汉代的张衡初步解释了月食的原理。刘洪第一次系统提出了月球运动规律不均匀的论述。

明朝的万户，通过火药和风筝第一次尝试飞天，被誉为世界航天第一人。为了纪念他，国际天文学联合会将月球上的一座环形山取名为万户。

中国探月的

过去的
探月

曾几何时，嫦娥、玉兔的传说，
流传了一代又一代，成为每一个中国
孩子最温情的童年记忆。

文案：徐家春　赵蔚然
审核：焦维新
题字：高淮生
插图：宁晓宏　乾达文化
设计：索晓青

附录二 编辑及分工

书　名	加工内容		编辑审读			专家审读
向月球南极进军	统　稿：	刘晓庆	陆彩云　徐家春　刘晓庆 李　婧　张　珑　彭喜英 赵蔚然			黄　洋
火星取样返回	统　稿：	徐家春	徐家春　吴　烁　顾冰峰 张　珑　曹婧文　赵蔚然			王　聪
载人登陆火星	统　稿：	徐家春	徐家春　李　婧　顾冰峰 张　珑　徐　凡　赵蔚然			贾　睿
探秘天宫课堂	统　稿： 插图设计：	徐家春 徐家春 赵蔚然	徐家春　曹婧文　彭喜英 张　珑　徐　凡　赵蔚然			黄　洋
跟着羲和号去逐日	统　稿： 插图设计：	徐家春 徐家春 赵蔚然	徐家春　许　波　刘晓庆 张　珑　曹婧文　赵蔚然			王　聪
恒星世界	统　稿：	赵蔚然	徐家春　徐　凡　高　源 张　珑　彭喜英　赵蔚然			贾贵山
东有启明 ——中国古代天文学家	统　稿： 插图设计：	徐家春 赵蔚然 徐家春	田　姝　徐家春　顾冰峰 张　珑　高　源　赵蔚然			李　亮
群星族谱 ——星表的历史	统　稿：	徐家春	徐家春　曹婧文　彭喜英 张　珑　高　源　赵蔚然			李　良 李　亮
宇宙明珠 ——星系团	统　稿：	徐家春	徐家春　彭喜英　曹婧文 张　珑　徐　凡　赵蔚然			李　良 贾贵山
跟着郭守敬望远镜 探索宇宙	统　稿：	徐家春	徐家春　高　源　徐　凡 张　珑　许　波　赵蔚然			黄　洋
航天梦·中国梦 （挂图）	统　稿： 版式设计：	赵蔚然 赵蔚然	徐　凡　彭喜英　张　珑 高　源　赵蔚然			李　良 郑建川